变化条件下黄河防洪减淤和水沙调控策略

安催花 罗秋实 陈翠霞 鲁 俊 等著

黄河水利出版社

·郑州·

内 容 提 要

本书针对变化水沙条件下黄河的防洪减淤问题,采用实测资料分析、理论分析和泥沙数学模型计算等多种研究手段,对黄河防洪减淤和水沙调控工程运行现状和效果、不同水沙情景下未来水库与河道的河床演变趋势、未来黄河防洪减淤和水沙调控需求、未来黄河防洪减淤和水沙调控模式与效果等进行了系统深入的研究,按照大堤不决口、河道不断流、河床不抬高等多目标要求,通过多方案作用效果对比研究,提出了变化条件下黄河防洪减淤和水沙调控策略。研究成果为黄河流域重大工程论证、黄河流域生态保护和高质量发展水安全保障措施的制定等提供了技术支撑。

本书可供从事泥沙运动力学、河床演变与河道整治、水库泥沙、防洪减灾、黄河治理等方面研究、设计和管理的科技人员及高等院校有关专业的师生参考。

图书在版编目(CIP)数据

变化条件下黄河防洪减淤和水沙调控策略/安催花,
等著. —郑州:黄河水利出版社,2021.3
ISBN 978-7-5509-2958-6

Ⅰ.①变…　Ⅱ.①安…　Ⅲ.①黄河-防洪工程-研究
②黄河-河流泥沙-清淤-研究 ③黄河-含沙水流-控制-研
究　Ⅳ.①TV882.1②TV152

中国版本图书馆 CIP 数据核字(2021)第 056812 号

组稿编辑:李洪良　电话:0371-66026352　E-mail:hongliang0013@163.com

出　版　社:黄河水利出版社
　　　　　地址:河南省郑州市顺河路黄委会综合楼 14 层
发行单位:黄河水利出版社
　　　　　发行部电话:0371-66026940、66020550、66028024、66022620(传真)
　　　　　E-mail:hhslcbs@126.com
承印单位:广东虎彩云印刷有限公司
开本:787 mm×1 092 mm　1/16
印张:12.25
字数:300 千字
版次:2021 年 3 月第 1 版

网址:www.yrcp.com
邮政编码:450003

印数:1—1 000
印次:2021 年 3 月第 1 次印刷

定价:98.00 元

前　言

黄河流域在我国经济社会发展和生态安全方面具有十分重要的地位,构成我国重要的生态屏障,是我国重要的经济地带。黄河又是一条多泥沙、多灾害河流,长期以来,由于自然灾害频发,特别是水害严重,给沿岸百姓带来深重灾难。

黄河水少沙多、水沙关系不协调,是黄河复杂难治的症结所在。根据1919年7月至2019年6月百年实测资料统计,黄河中游潼关站多年平均来沙量为11.3亿t,平均含沙量为31.16 kg/m³。由于水少沙多,水沙关系不协调,历史上大量的泥沙淤积在下游河道,使河道日益高悬,目前河床平均高出背河地面4~6 m,局部河段在10 m以上,部分河段还发展成槽高于滩、滩高于两岸地面的"二级悬河",黄河下游防洪形势严峻。1986年黄河上游龙羊峡水库、刘家峡水库联合运用以来,由于汛期进入宁蒙河段的水量和大流量过程减少,加上沿黄引水的增加,造成宁蒙河道水沙关系恶化,河道淤积形成新悬河,平滩流量下降(局部河段仅1 000 m³/s左右),严重威胁着宁蒙河段防凌、防洪安全。水沙关系不协调还造成潼关高程升高且居高不下,严重影响渭河下游的防洪安全。如果水沙关系不协调的矛盾得不到解决,黄河主要冲积性河道的不利演变趋势仍将继续发展。

为保障黄河长治久安,促进流域生态保护和高质量发展,必须采取有效途径,协调黄河的水沙关系。防洪减淤和水沙调控体系是应对黄河水少沙多、水沙关系不协调的关键治理措施。人民治黄以来,基本建成了防洪减灾体系,保障了伏秋大汛岁岁安澜,确保了人民生命财产安全。通过在黄河干流修建龙羊峡、刘家峡、三门峡、小浪底等4座骨干工程和海勃湾、万家寨水库,在支流修建陆浑、故县、河口村等水库,初步形成了黄河水沙调控工程体系,结合水沙调控非工程体系的建设,在防洪(防凌)、减淤、供水、灌溉、发电等方面发挥了巨大的综合效益。但是,黄河治理和保护仍存在许多问题:洪水风险依然是流域的最大威胁;小浪底水库调水调沙后续动力不足,水沙调控体系的整体合力无法充分发挥;下游地上悬河长达800 km,高村以上299 km游荡型河段河势未完全控制,危及大堤安全;上游宁蒙河段淤积形成新悬河,潼关高程长期居高不下。

20世纪80年代中期以来,受气候变化和人类活动的影响,黄河流域水沙情势发生变化,潼关站年输沙量由1919~1959年的16亿t减少至2000年以来的2.44亿t。未来水沙变化条件下,黄河防洪减淤和水沙调控体系如何调整是黄河治理需要研究的重要内容。基于此,需要结合水沙变化条件,考虑协调水沙关系、有效管理洪水、优化配置水资源等方面需求,开展变化条件下黄河防洪减淤和水沙调控体系研究。为此,国家重点研发计划"黄河流域水沙变化机理与趋势预测"项目(编号:2016YFC0402400)课题8"水沙变化情势下黄河治理策略"(编号:2016YFC0402408)列专题开展了"变化条件下黄河防洪减淤和水沙调控体系研究"。专题在充分吸收以往研究成果的基础上,分析了黄河防洪减淤和水沙调控工程运行现状,研究了主要水库调度对水沙过程的影响以及水库、河道的冲淤响应,结合现有水库联合运用模式以及水沙时空对接过程,从水沙动力要素、时空对接、河道冲淤等方面剖析了现状工程布局与水沙调控存在的问题;开展了现状工程调控模拟,评价了未来河道行洪输沙、冲淤情势,提出了未来变化水沙条件下黄河防洪减淤和水沙调控的需求;结合未来防洪减淤情势,分析了有效管理洪水、协调水沙关系和优化配置水资源的多目标需求;考虑黄河流域综合治理、生态保护、高质量发展需要和上游黑山峡水库、中游古贤水库、碛口水库的前期工作情况,设计了未来50年黄河防洪减淤和水沙调控体系建设的不同情景;研究提出了大型水库联合调控指标和时空对接模式,评价了不同方案的调控效果,综合提出了未来水沙变化条件下大型水库联合调控模式。

　　本书是在国家重点研发计划专题"变化条件下黄河防洪减淤和水沙调控体系研究"成果的基础上总结编写而成。全书共分为6章,编写人员及编写分工如下:第1章由安催花、罗秋实执笔;第2章由陈翠霞、吴默溪执笔;第3章由鲁俊、陈翠霞、高兴、梁艳洁执笔;第4章由罗秋实、梁艳洁执笔;第5章由安催花、罗秋实、高兴、梁艳洁、崔振华执笔;第6章由安催花、罗秋实执笔。全书由安催花、罗秋实、陈翠霞、鲁俊统稿。研究工作期间,国内知名专家胡春宏、张红武、宁远、陈效国、黄自强、梅锦山、李文学、李义天、刘晓燕等,以及中国水利水电科学研究院陈绪坚、张治昊、董占地、胡海华,黄河水土保持生态环境监测中心高健翎、马红斌、朱莉莉,黄河水利科学研究院张晓华、张明武等,多次对研究工作给予了咨询指导,提出了诸多宝贵意见和建议,在此表示衷心的感谢!

　　限于作者水平,书中欠妥之处敬请读者批评指正。

作　者

2020 年 11 月

目　录

第 1 章　绪　论

1.1　研究背景

　　黄河流域是中华民族的摇篮,经济开发历史悠久,文化源远流长,曾经长期是我国政治、经济和文化的中心。黄河流域在我国经济社会发展和生态安全方面具有十分重要的地位,构成我国重要的生态屏障,是我国重要的经济地带。黄河又是一条多泥沙、多灾害河流,长期以来,由于自然灾害频发,特别是水害严重,给沿岸百姓带来深重灾难。“黄河宁,天下平”。自古以来,中华民族始终在同黄河水旱灾害做斗争。中华人民共和国成立后,党和国家对治理开发黄河极为重视,把它作为国家的一件大事列入重要议事日程。在党中央的坚强领导下,沿黄军民和黄河建设者开展了大规模的黄河治理保护工作,基本建成了防洪减灾体系,保障了 70 多年来伏秋大汛岁岁安澜,确保了人民生命财产安全。

　　黄河水少沙多、水沙关系不协调,是黄河复杂难治的症结所在。根据 1919 年 7 月至 2019 年 6 月百年实测资料统计,黄河中游潼关站多年平均水量、沙量分别为 362.77 亿 m^3、11.3 亿 t,平均含沙量 31.16 kg/m^3。与国内外大江大河相比,沙量之多,含沙量之高,是世界大江大河中绝无仅有的;黄河水量仅为长江的 6%,但平均沙量却是长江的 3 倍;印度、孟加拉国的恒河,年均来沙量 14.5 亿 t,与黄河接近,但其水量是黄河的 6 倍,平均含沙量只有 3.9 kg/m^3。由于水少沙多,水沙关系不协调,历史上大量的泥沙淤积在下游河道,使河道日益高悬。1950~1999 年下游河道共淤积泥沙约 93 亿 t,与 20 世纪 50 年代相比,河床普遍抬高 2~4 m。目前,河床平均高出背河地面 4~6 m,局部河段在 10 m 以上,“96·8”洪水花园口站洪峰流量 7 860 m^3/s 的洪水位,比 1958 年 22 300 m^3/s 流量的洪水位还高 0.91 m。1986 年以后,由于自然原因及人类活动干预,进入黄河下游的汛期水量、洪峰流量明显减少,导致主槽淤积萎缩严重,“二级悬河”迅速发育,中小洪水防洪问题突出。1999 年 10 月小浪底水库下闸蓄水运用,由于水库拦沙和调水调沙作用,进入黄河下游沙量显著减少,下游河道发生全线冲刷,累计冲刷泥沙 30 亿 t,河槽平均冲刷下降 2.5 m,最小平滩流量由 1 800 m^3/s 增加至 4 300 m^3/s,平滩流量的增加,对减小洪水漫滩及滩区小水受灾的概率、逐步遏制“二级悬河”的发展等发挥了重要的作用。宁蒙河段历史上为淤积性河道,1986 年上游龙羊峡水库、刘家峡水库联合调度运用以来,由于汛期进入宁蒙河段的水量和大流量过程减少,加上沿黄引水的增加,造成宁蒙河道水沙关系恶化,河道淤积萎缩加重,已形成新的悬河,中小流量水位明显抬高,河道平滩流量下降(局部河段仅为 1 000 m^3/s 左右),严重威胁防凌、防洪安全。水沙关系不协调还造成潼关高程急剧升高且居高不下,严重影响渭河下游的防洪安全。如果水沙关系不协调的矛盾得不到解决,黄河主要冲积性河道的不利演变趋势仍将继续发展。

　　为实现黄河的长治久安,促进流域和相关地区经济社会的可持续发展,必须采取有效途径,协调黄河的水沙关系。防洪减淤和水沙调控体系是应对黄河水少沙多、水沙关系不协调的关键治理措施。人民治黄以来,通过一系列防洪减淤工程的修建,基本形成了"上拦下排,两岸分滞"的防洪工程体系,同时结合防洪非工程措施的建设,在黄河防洪治理方面取得了很大成效,洪水灾害得到了一定程度的控制,促进了流域经济社会的健康发展。通过在黄河干流修建龙羊峡、刘家峡、三门峡、小浪底等 4 座骨干工程和海勃湾、万家寨水库,在支流修建陆浑水库、故县水库、河口村水库,初步形成了黄河水沙调控工程体系,结合水沙调控非工程体系的建设,在防洪(防凌)、减淤、供水、灌溉、发电等方面发挥了巨大的综合效益,有力地支持了沿黄地区经济社会的可持续发展。

当前,黄河水沙调控体系尚未构建完善,黄河干流规划的 7 大骨干水利枢纽中古贤、黑山峡、碛口尚未开工建设,现状骨干工程在实现黄河流域生态保护和高质量发展方面还存在较大的局限性,主要表现在如下几个方面:

(1)现状工程条件下,万家寨水库、三门峡水库调节库容小,能够提供的后续动力有限,从刘家峡到三门峡约 2 400 km 的黄河干流缺少控制性工程。中下游仅以小浪底水库为主调水调沙,缺乏中游的骨干工程配合,调水调沙后续动力不足;小浪底水库淤满后,仅剩 10 亿 m³ 调水调沙库容,扣除调沙库容后,有效的调水库容仅 5 亿 m³ 左右,无法满足调水调沙库容要求,下游河道又将淤积抬升。

(2)下游防洪短板突出,洪水预见期短、威胁大;"地上悬河"形势严峻,下游地上悬河长达 800 km,其中高村以上 299 km 游荡型河段河势未完全控制,危及大堤安全。下游滩区既是黄河滞洪沉沙的场所,也是滩区 190 万群众赖以生存的家园,防洪运用和经济发展的矛盾长期存在。河南、山东居民迁建规划实施后,仍有近百万人生活在洪水威胁中。

(3)现状工程运用不能协调宁蒙河段水沙关系和供水、发电之间的矛盾,内蒙古河道淤积形成新悬河,防凌防洪形势严峻。

(4)黄河北干流河段缺少控制性骨干工程,不能控制北干流的洪水泥沙,在控制潼关高程和治理小北干流方面存在局限性,未来潼关高程仍将居高不下。

20 世纪 80 年代中期以来,受水利水保工程等人类活动和气候暖干化等因素影响,黄河流域水沙情势发生了巨大变化,潼关站年输沙量由 1919~1959 年的 16 亿 t 减少至 2000 年以来的 2.44 亿 t。黄河水沙情势剧变,已严重影响黄河规划与治理的科学参照依据,直接影响黄河水沙调控体系布局等未来治黄方略的制定。在今后相当长时期内黄河仍将是一条多泥沙的河流,如何利用"拦、调、排、放、挖"等各种治理措施,对未来较长时期的黄河泥沙进行合理安排,是黄河治理需要考虑的重要问题之一。

基于此,结合近期水沙变化条件,考虑协调水沙关系、有效管理洪水、优化配置黄河水资源等方面需求,明确新形势下黄河的防洪减淤和水沙调控需求、如何调整防洪减淤和水沙调控体系,是未来黄河治理策略需要研究的重要内容。根据"黄河流域水沙变化机理与趋势预测"项目(2016YFC0402400)整体安排,"水沙变化情势下黄河治理策略"课题(2016YFC0402408)列专题开展了"变化条件下黄河防洪减淤和水沙调控体系研究",为未来黄河防洪减淤和水沙调控提供支撑。2019 年 9 月 18 日习近平总书记在黄河流域生态保护和高质量发展座谈会上强调:保护黄河是事关中华民族伟大复兴的千秋大计……尽管黄河多年没出大的问题,但黄河水害隐患还像一把利剑悬在头上,丝毫不能放松警惕。要保障黄河长久安澜,必须紧紧抓住水沙关系调节这个"牛鼻子"。要完善水沙调控机制。项目研究成果可为黄河流域生态保护和高质量发展重大国家战略的实施提供技术支撑。

1.2 研究现状

1.2.1 水沙调控

如何通过水库调控,塑造协调的水沙关系,实现黄河防洪安全、供水安全、生态安全,一直是重要的研究课题,这方面的研究与实践随时代在不断发展。20 世纪 60 年代三门峡水库泥沙问题暴露后,开始提出了利用小浪底水库进行泥沙调度的设想。20 世纪 70年代后期,随着"上拦下排"治黄方针局限性的显露以及三门峡水库的运用实践,经过反思后,专家们提出了水沙联合调度、蓄清排浑的思想,采用蓄清排浑的调度方式,在汛期适当地降低水库水位运行,排出泥沙含量较多的浑水;水库蓄水期则尽可能在汛末蓄纳泥沙含量较少的清水。20 世纪 80 年代以来,结合小浪底水利枢纽设计论证,开展了黄河水沙变化和小浪底水库运用方式方面的深入研究,丰富了黄河调水调沙及水沙调控理论。"八五""九五"攻关深化了对黄河水沙条件和河道演变特点的认识,扩展了多沙河流水库运用方式研究的思路,在充分分析黄河下游洪水冲淤特性的基础上,提出了下游河段在不同含沙量水流条件下临界冲淤的流量和历时,科学论证了小浪底水库起始运行水位、调控流量、调控库容等调水调沙运用关键技术指标。"十五"国家科技攻关计划和"十一五"科技支撑计划项目等进一步提出了黄河下游和宁蒙河段河槽排洪输沙基本功能指标的阈值和维持黄河下游河槽排洪输沙基本功能的水沙调控指标体系,初步探讨了黄河中游水库群水沙联合调度方式等,提出了联合调度补偿、多目标优化等方法。"黄河流域综合规划修编"以来,对黄河水沙调控体系布局与运用方式进行了研究,认为现状水沙调控体系工程在协调水沙关系方面还存在一定的局限性,提出了维持黄河健康生命对水沙调控体系的建设要求,研究了调控时机、调控指标、调控历时等指标和调控效果。当前,黄河水沙情势发生了较大变化,变化条件下如何通过水库调控,为黄河流域生态保护和高质量发展重大国家战略提供基础支撑,是新时期需要深入研究的重要内容。

1.2.2 水沙变化

黄河水沙情势是黄河规划与治理的重要基础,影响着治黄战略的制定。20 世纪 80年代中期以来,由于气候降雨和人类活动对下垫面的影响,以及经济社会发展使用水量大幅增加,进入黄河的水沙量逐步减少,2000 年以来水沙量减少幅度更大。关于黄河水沙变化原因及趋势的研究,比较系统的始于 20 世纪 80 年代中期,1988 年水利部设立了"黄河水沙变化研究基金",先后于 1988 年、1995 年开展了两期项目,徐乾清、顾文书主持的第一期项目旨在研究黄河上中游水沙变化原因及其发展趋势,并根据水沙变化机制研究,初步建立了分析水沙变化的计算方法;徐明权、钱意颖主持的水利部第二期项目研究重点是对在河口镇至潼关区间的黄河中游地区的水利水保措施减水减沙作用的成因进行分析。1988年由于一鸣主持的黄河水利委员会黄河流域第一期水保科研基金第四攻关课题"黄河中游多沙粗沙区水利水保措施减水减沙效益及水沙变化趋势研究",重点研究了黄河中游多沙粗沙区1970~1989年水利水保措施减沙效益及水沙变化趋势。"八五"国家重点科技攻关项目"黄河治理与水资源开发利用"对多沙粗沙区中重点支流水沙变化原因进行了分析,并预测了2000~2020年水沙变化趋势。1998年左大康、叶青超主持的国家自然科学基金重大基础研究项目"黄河流域环境演变与水沙运行规律研究",综合研究了历史时期黄河流域环境变化事实、粗泥沙来源及泥沙输移规律、黄土高原土壤侵蚀与生态环境演变关系等,分析了黄河中游大型煤田开发对侵蚀和产沙的影响,提出了黄河流域环境演变与水沙变化趋势及整治方向。姚文艺、徐建华等主持的"十一五"国家科技支撑计划课题"黄河流域水沙变化情势评价研究"分析了黄河中游水沙变化成因及河龙区间支流洪水泥沙变化,研究了典型人类活动对黄河径流泥沙的影响,预测了黄河未来30~50年的水沙变化趋势。刘晓燕主持的国家"十二五"科技支撑计划项目"黄河水沙调控技术研究与应用"对黄河主要产沙区的下垫面条件的变化进行了调查分析,定量计算了主要下垫面因素对黄河水沙锐减的贡献值。此外,还有其他一些科技计划,如"人民治黄70年"等。经过多年的研究与积累,黄河水沙变化的相关成果非常丰富,为黄河治理开发的重要实践提供了坚实的基础。

1.3　研究目标、内容、方法及技术路线

1.3.1　研究目标

在水沙变化的情势下,黄河的防洪形势将发生相应的变化。在此背景下,评价黄河防洪减淤和水沙调控工程运行现状,分析未来黄河防洪减淤和水沙调控需求,设计未来黄河防洪减淤和水沙调控体系建设的不同情景,提出水库运用模式及相应的调控指标,优化未来防洪减淤和水沙调控手段,利用流域水沙调控模型开展计算,从行洪输沙、河道冲淤等方面进行方案比选评价,提出未来水沙变化条件下大型水库联合调控技术,为未来50年黄河水沙调控提供支撑。

1.3.2　研究内容

1.3.2.1　防洪减淤和水沙调控工程运行现状分析

分析防洪减淤和水沙调控工程运行现状,分析主要水库调度对水沙过程的影响以及水库、河道的冲淤响应,结合现有水库联合运用模式及水沙时空对接过程,从水沙动力要素、时空对接、河道冲淤等方面剖析现状工程布局与水沙调控存在的问题。

1.3.2.2　未来防洪减淤和水沙调控需求分析

考虑未来50年不同的水沙情景方案,根据现状工程运用方式,开展三门峡、小浪底联合调控模拟,计算进入下游河道的水沙过程,模拟下游河道的冲淤演变趋势,评价未来行洪输沙、河道冲淤情势,提出未来变化水沙条件下黄河防洪减淤和水沙调控的需求。

1.3.2.3　防洪减淤和水沙调控模式研究

结合未来防洪减淤情势,分析不同水沙过程尤其是近期水沙变化对河道冲淤调整的作用机制,分析有效管理洪水、协调水沙关系和优化配置水资源的多目标需求,考虑中游古贤、碛口水库的投入情况,设计未来 50 年黄河防洪减淤和水沙调控体系建设的不同情景,研究大型水库联合调控指标和时空对接模式。

1.3.2.4　防洪减淤和水沙调控作用研究

根据拟订的防洪减淤和水沙调控体系建设不同情景方案,利用流域水沙调控模型,开展大型水库水沙联合调控和水库冲淤、小北干流和黄河下游河道冲淤计算,分析大型水库冲淤、小北干流冲淤、潼关高程变化、下游河道冲淤和平滩流量,评价不同方案的调控效果,综合提出未来水沙变化条件下大型水库联合调控技术。

1.3.3　研究方法及技术路线

本书首先收集黄河流域中下游干支流主要控制站的水沙、水库调度以及水库河道冲淤等资料,采用现场查勘、文献资料归纳和实测资料分析等手段,分析黄河流域现状工程布局及水沙调控存在的问题;然后采用数学模型模拟计算等方法预测评价未来水沙变化条件下流域防洪减淤形势,设计未来 50 年黄河防洪减淤和水沙调控体系建设的不同情景,研究水库运用模式及相应的调控指标,优化未来防洪减淤和水沙调控手段;最后采用流域水沙调控模型、水库河道冲淤模型等开展多方案模拟计算,从水库及河道冲淤等方面对比,综合提出未来水沙变化条件下大型水库联合调控技术。课题重点方法和思路如下。

1.3.3.1　现状评价与需求分析

现状评价主要是统计分析干支流主要控制站的水沙量及水沙过程特征指标,分析主要水库调度对水沙过程的影响以及水库、河道的冲淤响应,结合现有水库联合运用模式以及水沙时空对接过程,从水沙动力要素、时空对接、河道冲淤等方面剖析现状工程布局与水沙调控存在的问题。需求分析主要是基于现状工程布局及调控模式,采用数学模型计算未来 50 年水库及河道冲淤,分析评价流域防洪形势,提出未来变化水沙条件下黄河防洪减淤和水沙调控的需求。

1.3.3.2　情景方案及调控模式研究

采用实测资料分析下游河道冲淤对水沙过程变化的响应,研究不同水沙过程尤其是近期水沙变化对河道冲淤调整的作用机制,考虑黄河流域综合治理、生态保护、高质量发展等,提出古贤、碛口等水库的投入情况,设计未来 50 年不同的水沙调控情景方案,研究大型水库联合调控指标和时空对接模式。

1.3.3.3　防洪减淤和水沙调控作用研究

流域大型水库联合运用是一个系统的问题,本次将利用流域水沙调控模型,开展大型水库水沙联合调控和水库冲淤、小北干流和黄河下游河道冲淤计算,基于模型的计算结果分析评价大型水库的防洪减淤和水沙调控作用,综合提出未来水沙变化条件下大型水库联合调控技术。计算过程中,要实现不同模型之间的耦合,水沙调控模型为水库模型提供指令,水库模型为河道模型提供水沙条件。

技术路线图见图 1-1。

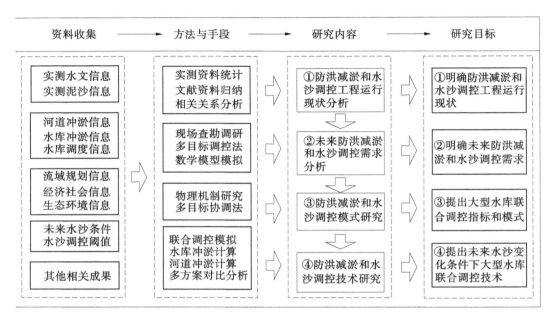

图 1-1 技术路线图

1.4 主要研究成果

1.4.1 分析了黄河防洪减淤和水沙调控运行现状和效果

1.4.1.1 现状水库对水沙过程的调节作用

目前,黄河水沙调控体系已建成工程包括干流的龙羊峡水库、刘家峡水库、海勃湾水库、万家寨水库、三门峡水库、小浪底水库和支流的陆浑水库、故县水库、河口村水库。现状水沙调控,以龙羊峡、刘家峡、三门峡、小浪底4座骨干工程为主体,海勃湾、万家寨为补充,支流水库配合完成。龙羊峡水库、刘家峡水库联合运用改变了黄河径流年内分配比例,干流主要控制站汛期径流比重由水库运用前的60%减少到40%,利于下游河道输沙的大流量相应的天数及水量也大幅减小。三门峡水库1973年蓄清排浑运用以来,汛期运用水位较低,非汛期淤积的泥沙由汛期排出,汛期出库沙量占全年沙量的比例由入库的68.2%~86.1%增加到93.0%~97.3%。小浪底水库投入运行后蓄水拦沙和调水调沙运用,黄河开展了19次调水调沙;入库水沙经调节后,1999年11月至2018年10月水库排沙比为25.2%,调水调沙期间排沙的可达到62%;全年出库2 600 m³/s以上流量级天数较入库增加近67.1%,相应的水量较入库增加69.8%。

1.4.1.2 水库及河道冲淤对水沙调控的响应

目前,龙羊峡水库处于淤积状态,刘家峡水库淤积变缓,海勃湾水库处于淤积状态,万家寨水库、三门峡水库处于冲淤平衡状态,小浪底水库处于拦沙后期第一阶段。发现

1986 年以来宁蒙河道淤积加重,主要是龙羊峡水库、刘家峡水库联合运用改变了黄河上游径流年内分配比例和过程,水流长距离输沙能力减弱,致使粒径小于 0.1 mm 的泥沙由冲刷变为大量淤积,内蒙古巴彦高勒至头道拐河段平滩流量由 1986 年以前的 3 000~4 000 m³/s 降低为 1 500~2 000 m³/s。2002 年三门峡水库改变运用方式以来,小北干流河道冲刷,潼关高程维持在 328 m 附近。1999 年 10 月小浪底水库下闸蓄水以来至 2020 年汛前全下游累计冲刷量达 29.24 亿 t(汊 3 以上),河道最小平滩流量由 2002 年汛前的 1 800 m³/s 增加至 4 350 m³/s。

1.4.1.3　黄河水沙调控效果

小浪底水库投入运用以来开展了多次水沙调控,根据黄河干支流水情和水库蓄水情况,2002~2016 年开展了 3 次调水调沙试验,16 次调水调沙生产运行。经多年研究与实践,提出了以小浪底水库单库调节为主、干流水库群水沙联合调度、空间尺度水沙对接的黄河调水调沙三种基本模式。通过水沙调控,人工塑造异重流加大了水库排沙比,优化了库区淤积形态;黄河下游河道得到全线冲刷尤其高村以下河段冲刷明显;黄河下游行洪输沙能力普遍提高,河槽形态得到调整;河口生态得到有效改善,湿地面积增加。

2018 年以来按照"一高一低"调度,兼顾中下游水库和河道排沙输沙,实施了水沙一体化调度、大尺度对接,至 2020 年三个汛期小浪底水库累计排沙 13.4 亿 t,有效地恢复了库容;库区三角洲顶点由 16.39 km 推进到 7.74 km,顶点高程由 222.36 m 降至 212.40 m,调整了库区淤积形态,下游河道各主要水文站同流量水位未出现明显降低,提高了河道输沙效率。2020 年实施的防御大洪水实战演练,实现了河口三角洲生态补水,累计补水 1.55 亿 m³,创历史新高,首次补水进入自然保护区核心区刁口河区域,河口三角洲水域面积增加 45.35 km²。

1.4.2　明确了未来黄河防洪减淤与水沙调控需求

1.4.2.1　主要控制站的水沙代表系列

黄河具有水少沙多、水沙关系不协调、水沙异源、水沙年际变化大且年内分配不均、不同地区泥沙颗粒组成不同等特点。20 世纪 80 年代中期以来,黄河水沙发生了显著变化,径流量和输沙量显著减少,径流量减少主要集中在头道拐以上区域,输沙量减少主要集中在头道拐至龙门区间;汛期径流量占年径流量的比例减少,洪峰流量减小,有利于输沙的大流量天数及相应水沙量减少。目前对人类活动影响较小时期黄土高原侵蚀量的研究成果存在一定差异,一般在 6 亿~10 亿 t。黄河未来水沙量变化既受自然气候因素的影响,又与流域水利工程、水土保持生态建设工程和经济社会发展等人类活动密切相关,长时期总体来看降水影响有限,水沙变化仍以人类活动影响为主,相对 1919~1959 年天然情况,未来水沙量将有较大幅度的减少。本书采用黄河龙门、华县、河津、洑头四站合计来沙 8 亿 t、6 亿 t、3 亿 t、1 亿 t 情景方案,分析未来黄河中游水库及下游河道冲淤变化趋势。

未来水沙情景方案,黄河上游干流下河沿站水量为 286.3 亿 m³,沙量为 0.95 亿 t,支流来沙 0.61 亿 t,风沙 0.16 亿 t。黄河中游四站考虑来沙 8 亿 t、6 亿 t、3 亿 t、1 亿 t 四种情景方案:来沙 8 亿 t 情景(1959~2008 年 50 年设计水沙系列),四站年水量 272.29 亿 m³、年沙量 7.93 亿 t;来沙 6 亿 t 情景(1959~2008 年 50 年设计水沙系列),四站年水量 262.28 亿 m³、年沙量 5.95 亿 t;来沙 3 亿 t 情景(2000~2013 年实测 14 年系列连续循环 3 次+2002~2009 年组成 50 年系列),四站年水量 246.44 亿 m³、年沙量 3.0 亿 t;来沙 1 亿 t 情景(2000~2016 年实测系列连续循环组成 50 年系列),四站年水量 225.44 亿 m³、年沙量 1.03 亿 t。

1.4.2.2　揭示了未来水库和河道冲淤演变趋势

现状工程条件,未来 50 年,宁蒙河段年均淤积泥沙 0.59 亿 t,淤积主要集中在内蒙古河段,年均淤积量为 0.54 亿 t。随着河道的淤积,中水河槽逐渐萎缩,过流能力减小,最小平滩流量将由现状的 1 600 m³/s 减小到 1 000 m³/s 左右(巴彦高勒至头道拐河段)。

未来小北干流河道,黄河来沙 8 亿 t 情景方案,计算期 100 年末河道年均淤积 0.56 亿 t;来沙 6 亿 t 情景方案,河道年均淤积 0.32 亿 t;来沙 3 亿 t 情景方案,河道微冲,年均冲刷泥沙 0.03 亿 t;来沙 1 亿 t 情景方案,河道年均冲刷泥沙 0.14 亿 t。

未来渭河下游河道及潼关高程,黄河来沙 8 亿 t 情景方案,计算期 100 年末河道年均淤积 0.17 亿 t,潼关高程年均抬升 0.009 m;来沙 6 亿 t 情景方案,河道年均淤积 0.11 亿 t,潼关高程年均抬升 0.006 m;来沙 3 亿 t 情景方案,河道微淤,年均淤积 0.004 亿 t,潼关高程基本维持在 328 m 附近;来沙 1 亿 t 情景方案,河道年均冲刷 0.05 亿 t,该方案汛期来水量和大流量过程较少,对潼关高程冲刷作用有限,潼关高程略有降低。

未来小浪底水库,8 亿 t 情景方案,水库拦沙库容淤满时间为计算第 13 年即 2030 年,未来拦沙期 13 年内水库年均淤积量为 3.33 亿 m³;6 亿 t 情景方案,水库拦沙库容淤满时间为计算第 20 年即 2037 年,未来拦沙期 20 年内水库年均淤积量为 2.17 亿 m³;3 亿 t 情景方案,水库拦沙库容淤满时间为计算第 43 年即 2060 年,未来拦沙期 43 年内水库年均淤积量为 1.01 亿 m³;1 亿 t 情景方案,计算期 100 年末水库即将拦满,未来水库年均淤积量为 0.40 亿 m³。

黄河下游河道,8 亿 t 情景方案,小浪底水库淤满后 50 年内下游河道年均淤积 2.04 亿 t,随着下游河道淤积,最小平滩流量将降低至 2 440 m³/s;6 亿 t 情景方案,小浪底水库淤满后 50 年内下游河道年均淤积 1.37 亿 t,随着下游河道淤积,最小平滩流量将降低至 2 800 m³/s;3 亿 t 情景方案,小浪底水库淤满后 50 年内下游河道年均淤积泥沙 0.37 亿 t,拦沙库容淤满至计算期末,下游河道平滩流量减小约 900 m³/s;1 亿 t 情景方案,小浪底水库计算期 100 年内即将淤满,计算期末下游河道累计冲刷 14.78 亿 t,下游河道平滩流量约为 5 200 m³/s。

1.4.2.3　未来防洪减淤和水沙调控需求

1986 年以来龙羊峡水库、刘家峡水库联合运用,水库汛期大量蓄水,改变了黄河上游径流年内分配比例,汛期径流比重由水库运用前的 60% 减少到 40%,汛期输沙水量大幅度减少,利于下游河道输沙的大于 2 000 m³/s 流量相应的天数及水量也大幅减小,从而导致进入宁蒙河段粒径小于 0.1 mm 的泥沙大量落淤,河道淤积加重,中水河槽过流能力由

20 世纪 80 年代的 3 000~4 000 m³/s 下降到目前的 1 500~2 000 m³/s，即使在 2000 年以来宁蒙河段来水来沙极为有利的条件下，宁蒙河段的年均淤积量（断面法）仍有 0.486 亿t。调整龙羊峡水库、刘家峡水库运用方式，可以减缓宁蒙河段淤积，但不能解决宁蒙河段河槽萎缩问题，同时对工农业用水、梯级发电产生不利影响，且受管理体制制约。从解决宁蒙河段泥沙淤积加重、中水河槽萎缩的需要出发，未来需要在黄河上游修建大型骨干水库工程，对龙羊峡水库、刘家峡水库下泄水量进行反调节，改善进入宁蒙河段的水沙条件，冲刷恢复宁蒙河段中水河槽规模。

当前潼关高程长期居高不下，即使在 2002 年三门峡水库改变运用方式，进一步降低运用水位，同期来水来沙条件较为有利的条件下，潼关高程仍维持在 328 m 附近。潼关高程长期居高不下，造成渭河下游防洪形势严峻。为解决渭河下游河道淤积问题，在渭河支流泾河正在建设东庄水利枢纽，东庄水库可有效地减轻渭河下游河道淤积，维持渭河下游河道 38 年不淤积抬升，但是东庄水库只控制了黄河不足 5% 的水量，对冲刷降低潼关高程作用有限。长期治黄实践表明，通过调控黄河北干流河段洪水泥沙塑造大流量过程是冲刷降低潼关高程的有效措施。当前黄河北干流河段缺少控制性骨干工程，不能控制北干流的洪水泥沙，在控制潼关高程和治理小北干流方面存在局限性，未来还需在黄河中游修建大型骨干水库工程。

现状万家寨水库、三门峡水库调节库容小，能够提供的调水调沙后续动力有限，现状调水和调沙存在矛盾，小浪底水库蓄水多调沙困难，蓄水少无法满足调水调沙水量要求。小浪底水库淤满后仅剩 10 亿 m³ 调水调沙库容，扣除调沙库容后，有效的调水库容仅 5 亿m³ 左右，无法满足调水调沙库容要求。尽管近期黄河水沙调控能力和防洪能力有所提高，但黄河下游"二级悬河"未进行治理，下游河道高村以上游荡型河段还有 166 km 河势变化较大，尤其是来水来沙量较小的情况下，未来持续的小水过程形成的过分弯曲的小弯道得不到调整，直河段因水流能力小得不到应有的发展，畸形河湾将进一步发育，将可能造成堤防决溢的风险，下游防洪安全风险依然较大。因此，未来仍需要在小浪底水库上游修建骨干水库，拦减进入下游河道的泥沙，同时联合现有水库群协同开展调水调沙，增强调水调沙后续动力，充分发挥水沙调控体系的整体合力，上级水库为下级水库排沙提供动力，下级水库对上级水库出库水沙过程进行二次调控，共同协调进入黄河下游的水沙关系，维持下游河势稳定。

1.4.3 提出了未来黄河上游防洪减淤和水沙调控模式

按照大堤不决口、河道不断流、河床不抬高等要求，从解决协调宁蒙水沙关系和供水发电矛盾的需求，未来需要在黄河上游干流修建黑山峡水利枢纽工程，与龙羊峡水库、刘家峡水库联合运用。根据水沙调控体系工程布局及各工程前期情况，在现状水沙调控体系的基础上，结合来水来沙条件，考虑黑山峡水库 2030 年建设生效。

黄河上游龙羊峡、刘家峡和黑山峡 3 座骨干工程联合运用，构成黄河水沙调控体系中的上游水量调控子体系主体。根据黄河径流年内、年际变化大的特点，为了确保黄河枯水年不断流、保障沿黄城市和工农业供水安全,龙羊峡水库、刘家峡水库联合对黄河水量进行多年调节,以丰补枯,增加黄河枯水年特别是连续枯水年的水资源供给能力,提高梯级发电效益。黑山峡水库主要对上游梯级电站下泄水量进行反调节,结合防凌蓄水将非汛期富余的水量调节到汛期,调控流量 2 500 m³/s 以上、历时不小于 15 d、年均应达到 30 d 的大流量过程,改善宁蒙河段水沙关系,消除龙羊峡水库、刘家峡水库汛期大量蓄水运用对宁蒙河段造成的不利影响,实时为中游子体系提供动力;并调控凌汛期流量,保障宁蒙河段防凌安全,同时调节径流,为宁蒙河段工农业和生态灌区适时供水。

黑山峡水库与现状工程联合运用,一级开发方案黑山峡水库拦沙年限为 100 年,水库运用前 50 年宁蒙河段年均冲刷 0.07 亿 t,最小平滩流量可恢复并维持在 2 500 m³/s;水库运用 50～100 年宁蒙河段年均淤积 0.19 亿 t,最小平滩流量基本维持在 2 500 m³/s。二级开发方案,黑山峡水库拦沙年限为 60 年,水库运用前 50 年宁蒙河段年均冲刷 0.05 亿 t,最小平滩流量可恢复并维持在 2 500 m³/s;水库运用 50～100 年宁蒙河段年均淤积 0.39 亿 t,100 年末最小平滩流量为 1 770 m³/s。从长期维持宁蒙河段中水河槽和防凌、供水等综合兴利效益方面看,黑山峡河段一级开发方案优于二级开发方案。

1.4.4　提出了未来黄河中下游防洪减淤和水沙调控模式

按照大堤不决口、河道不断流、河床不抬高等要求,从冲刷降低潼关高程、增强调水调沙后续动力、协调渭河下游和黄河下游水沙关系、减轻水库和河道淤积、优化配置水资源的需求出发,黄河中游仍需要修建古贤等水利枢纽工程,形成黄河中游洪水泥沙调控子体系,联合管理黄河洪水、泥沙,优化配置水资源。支流泾河东庄水利枢纽工程已经开工建设,预计 2025 年建成生效。根据水沙调控体系工程布局及黄河中游骨干工程前期工作情况,黄河来沙 8 亿 t、6 亿 t 情景,在现状工程基础上,研究了古贤水库 2030 年生效、古贤水库 2030 年生效+碛口水库 2050 年生效方案;黄河来沙 3 亿 t 情景,现状工程条件下小浪底水库剩余拦沙库容淤满年限还有 43 年,计算期 50 年内黄河下游河道仍然呈现冲刷状态,研究了古贤水利枢纽工程建成投运时机 2030 年、2035 年、2050 年三个方案;黄河来沙 1 亿 t 情景,从维持下游中水河槽和河势稳定的角度研究未来防洪减淤和水沙调控模式。

古贤水库建成以前,主要以小浪底水库为主进行干、支流骨干工程联合调水调沙运用,中游的万家寨水库、三门峡水库以及支流水库适时配合小浪底水库调水调沙运用。同时,万家寨水库优化桃汛期的运用方式,冲刷降低潼关高程。三门峡水库主要配合小浪底水库进行防洪、防凌运用。古贤水库建成生效后,拦沙初期可联合三门峡、小浪底及支流水库,采用"蓄水拦沙,适时造峰"的减淤运用方式,冲刷降低潼关高程,恢复小浪底水库槽库容及下游河道中水河槽规模,尽量为拦沙后期水库运用创造好的条件;古贤水库拦沙后期,可联合三门峡、小浪底及支流水库,根据水库和下游河道的冲淤状态,灵活采用"上库高蓄调水,下库速降排沙,拦排结合,适时造峰"的联合减淤运用方式;正常运用期,在保持古贤、小浪底两水库防洪库容的前提下,利用两水库的槽库容对水沙进行联合调控,增加黄河下游和两水库库区大水排沙和冲刷机遇,长期发挥水库的调水调沙作用。此外,水库群联合调节径流,保障黄河下游防凌安全,发挥工农业供水和发电等综合利用效益。碛口水库生效后,与古贤水库、三门峡水库、小浪底水库联合拦沙和调水调沙,长期协调黄河水沙关系,减少下游河道与小北干流河道淤积,维持河道中水河槽行洪输沙能力。同时承接上游子体系水沙过程,蓄存水量,为古贤水库、小浪底水库调水调沙提供后续动力,在减少河道淤积的同时,恢复水库的有效库容,长期发挥调水调沙效益。

(1)未来黄河来沙 8 亿 t 情景,古贤水库 2030 年生效后,拦沙年限为 44 年,东庄水库 2025 年生效后,拦沙年限为 24 年;两工程生效后,计算期 100 年末可累计减少黄河中下游河道淤积量 158.25 亿 t;古贤水库拦沙期内发挥了拦沙减淤效益,减轻了下游河道淤积,但拦沙期结束后下游河道年平均淤积量仍达到 1.55 亿 t,仍需要建设碛口水库完善水沙调控体系,提高对水沙的调控能力,进一步减轻河道淤积。碛口水库生效后,可延长古贤水库拦沙年限 12 年,计算期 100 年末可累计减少黄河中下游河道淤积量 201.66 亿 t,比无碛口水库方案新增减淤量 43.41 亿 t。

(2)黄河来沙 6 亿 t 情景,古贤水库拦沙年限为 67 年,东庄水库拦沙年限为 30 年,两工程生效后,计算期 100 年末可累计减少黄河中下游河道淤积量 121.39 亿 t;古贤水库拦沙期内发挥了拦沙减淤效益,减轻了下游河道淤积,但拦沙期结束后下游河道年平均淤积量仍达到 0.96 亿 t,需要建设碛口水库完善水沙调控体系,提高对水沙的调控能力,进一步减轻河道淤积。碛口水库生效后,可延长古贤水库拦沙年限 20 年,计算期 100 年末可累计减少黄河中下游河道淤积量 146.44 亿 t,比无碛口水库方案新增减淤量 25.05 亿 t。

(3)黄河来沙 3 亿 t 情景,古贤水库不同年限生效,未来 100 年水库均在拦沙期,东庄水库拦沙年限为 40 年;古贤水库投入运用越早,对减缓小浪底水库淤积、延长小浪底水库使用年限、减轻下游河道淤积越有利。因此,应尽早开工建设古贤水利枢纽工程,完善水沙调控体系,联合管理黄河洪水、泥沙,冲刷降低潼关高程,增强调水调沙后续动力,协调黄河下游水沙关系。

(4)未来黄河来沙 1 亿 t,下游河道总体发生冲刷,但高村至艾山卡口河段仍呈现淤积趋势。未来持续小水过程形成的过分弯曲的小弯道得不到调整,直河段因水流能力小得不到应有的发展,畸形河湾将进一步发育。由于黄河主流发生摆动,形成斜河或横河,主流直冲大堤,将可能造成堤防决溢的风险。塑造维持与现状黄河下游河道整治工程相适应的河势所需要的中游水库一次洪水调控水量为 17 亿~18 亿 m³,改善畸形河势所需的中游水库一次洪水调控水量为 19 亿~21 亿 m³。现状工程条件下,汛期万家寨水库维持汛限水位,三门峡水库基本无调水调沙可用水量,小浪底水库泄放的水量不能满足塑造维持与现状黄河下游河道整治工程相适应的流路和改善畸形河势所需的调控水量。小浪底水库淤满后调水调沙库容也仅 10 亿 m³,扣除调沙库容后,有效的调水库容仅 5 亿 m³左右,无法满足维持下游河势稳定的水量要求,下游防洪安全风险依然较大。未来,仍需要在小浪底水库以上建设古贤水利枢纽工程,提供适宜的调水调沙库容,与小浪底水库联合调水调沙运用,维护下游河道河势稳定及下游河道中水河槽规模。

综上,黄河中游来沙量较大(8 亿 t、6 亿 t)时,应尽早开工建设古贤水利枢纽工程、适时建设碛口水利枢纽工程,与现状工程联合,灵活采用"上库高蓄调水,下库速降排沙,拦排结合,适时造峰"的联合减淤运用方式,可使黄河下游河道 2060 年(8 亿 t 情景)、2072 年(6 亿 t 情景)之前河床基本不抬高,未来坚持"拦、调、排、放、挖"多种措施综合处理和利用黄河泥沙,可实现长时期内黄河下游河床不抬高。黄河来沙 3 亿 t 时,尽早开工建设古贤水利枢纽工程,与现状工程联合,灵活采用"上库高蓄调水,下库速降排沙,拦排结合,适时造峰"的联合减淤运用方式,可长期实现黄河下游河床不抬高。黄河来沙 1 亿 t 时,需要开工建设古贤水库,通过设置适宜的调水调沙库容,维持中水河槽行洪输沙功能和河势稳定。

第 2 章　黄河防洪减淤和水沙调控运行现状和效果

2.1　防洪减淤和水沙调控体系建设现状

2.1.1　防洪减淤体系建设现状

2.1.1.1　下游河道

《黄河流域综合规划(2012—2030 年)》提出要处理和利用黄河泥沙,坚持"拦、调、排、放、挖"综合治理的思路,按照"稳定主槽、调水调沙,宽河固堤、政策补偿"下游河道治理方略,近期安排堤防工程和河道整治工程建设、"二级悬河"治理、滩区综合治理、滩区安全建设、滩区淹没补偿政策制定等工作。

1.堤防和河道整治工程建设实施完成情况

下游标准化堤防全部建成。完成堤防加固全面,堤防加固以放淤固堤为主,截渗墙加固为辅;凡具备放淤固堤条件的堤段均采用放淤固堤加固,对背河有较大村镇、搬迁任务较重的堤段采用截渗墙加固。黄河下游渔洼村以上 1 371.221 km 的临黄大堤中,除沁河口以上及涵闸、支流入黄口共计 90.011 km 的堤防不需加固外,其余堤段有 1 281.216 km 实施了放淤固堤,83.419 km 实施了截渗墙加固。完成堤防加高帮宽,黄河下游渔洼村以上 1 371.221 km 的临黄大堤,除欠宽 1 m 以内、段落零散分布的 57.960 km 外,其余 1 313.267 km 堤防的加高帮宽建设任务全部完成。

2.河道整治工程完成情况

截至目前,共完成控导工程新建、续建及改建长度 94.826 km(其中高村以上 56.484 km),其中规划期建设的长度 25.609 km;完成控导工程加固 467 道,其中规划期建设 267 道;险工改建加固 2 570 道坝,其中规划期建设 979 道。黄河下游控导工程新续建、险工改建加固和防护坝工程建设情况详见表 2-1。河道整治河段已完成 186.7 km,还有 166 km 需要继续进行整治。

总的来说,黄河下游通过持续的堤防、险工和河道整治工程建设,提高了堤防整体抗洪能力,基本解决标准内洪水堤防"溃决"问题;小浪底水库运用后,下游河道中水河槽冲刷、展宽,2020 年汛前过流能力扩大至 4 350 m³/s 以上,有利于缓解下游防洪形势,与中游干支流水库群联合调度,大大增强了下游洪水管控能力。

3."二级悬河"治理工程完成情况

"二级悬河"治理工程未实施。根据规划安排,黄河水利委员会编制完成了《黄河下游滩区综合治理规划》《黄河下游"二级悬河"治理工程可行性研究报告》《黄河下游东明阎潭至谢寨和范县邢庙至于庄"二级悬河"近期治理工程可行性研究报告》,相继通过了上级部门的审查,但目前均未批准实施。通过水利部审查的《黄河下游河道综合治理工程可行性研究报告》,安排进行河道整治和堤沟河治理,通过建设要基本解决重点河段的堤沟河危害报告已通过水利部审查。

表 2-1　黄河下游控导工程、险工及防护坝规划完成统计

项目		控导新续建（km）	控导加高加固（道）	险工改建（道）	防护坝（道）
"九五"		7.375			
"十五"	2001~2003年	17.000	122	892	88
	2004年汛前	3.872		10	17
	小计	20.872	122	902	105
亚行可行性研究		24.357		555	
三年实施方案	2005年度方案	3.863	36	18	7
	2006年度方案	4.900		25	6
	2007年度方案	7.850	42	91	5
	小计	16.613	78	134	18
2008年以后	近期初步设计	6.541	52	228	
	"十三五"初步设计	19.068	215	751	
完成合计		94.826	467	2 570	123

4.滩区综合治理实施情况

按照规划安排,开展了滩区安全建设、滩区淹没补偿政策等制定工作。2011年,国务院批准了黄河下游滩区运用补偿政策,按照财政部、国家发展和改革委员会(简称国家发改委)、水利部联合制定的《黄河下游滩区运用财政补偿资金管理办法》,河南、山东两省分别印发了《黄河下游滩区运用财政补偿资金管理办法实施细则》。

2014年以来,河南、山东两省分别开展了三批居民搬迁试点建设。2017年5月,经国务院同意国家发改委印发的《河南省黄河滩区居民迁建规划》《山东省黄河滩区居民迁建规划》,提出3年左右时间河南外迁安置24.32万滩区居民,山东基本解决60.62万滩区居民的防洪安全和安居问题。同时,开展未来滩区治理方向研究等工作,有关单位研究提出了滩区再造与生态治理模式、滩区防护堤治理模式、滩区分区运用模式等。

总体来看,滩区安全建设进度滞后,对未来滩区的治理方向还未形成统一意见。

2.1.1.2　潼关河段

潼关高程潼关(六)断面(1 000 m³/s相应水位)是渭河下游、禹潼河段的侵蚀基准面,潼关高程一直处于较高状态是导致渭河下游淤积严重、防洪问题突出的重要原因之一。《黄河流域综合规划(2012—2030年)》提出:近期要继续控制三门峡水库运用水位,实施潼关河段清淤,在潼关以上的小北干流河段进行有计划的放淤,实施渭河口流路整治工程。2020年前后建成古贤水库,初期通过水库拦沙和调控水沙,使潼关高程降低2 m

左右;后期通过水库调水调沙运用控制潼关高程抬高。远期利用南水北调西线等调水工程增加输沙水量,改善水沙条件,进一步降低潼关高程。

按照规划安排,继续控制了三门峡水库运用水位,非汛期坝前最高水位控制在 318 m 以下,平均水位为 315 m,汛期入库流量大于 1 500 m^3/s 时敞泄;继续进行桃汛洪水冲刷试验,从 2006 年开始,截至 2018 年,已经进行了 13 次桃汛洪水冲刷试验(每年实施);继续实施了多轮次的小北干流滩区放淤试验;继续完善了渭河口流路整治工程,新建黄渭分离工程长度 800 m。

通过一系列措施的实施,同时由于来水含沙量低等原因,阻止了潼关高程的继续抬升,但仍维持在 328 m 左右,这表明已有工程措施未能有效降低潼关高程,还需按照规划安排采取进一步措施,比如建设古贤水库。

小北干流无坝自流放淤试验于 2004 年 7 月开始,按照来水含沙量、流量、粗颗粒泥沙含量及水沙同历时长度等运行指标要求,先后在 2004～2007 年、2010 年、2012 年进行了共计 15 轮放淤试验,累计放淤历时 622.25 h,累计放淤处置泥沙量 622.1 万 t,其中 0.05 mm 以上粗泥沙淤积量 164.2 万 t,占总淤积量的 26.4%,实现了"淤粗排细"的目标。无坝自流放淤在有利的水沙条件、河势条件以及精细的调度管理等情况下,可以实现多引沙尤其是引粗沙、淤粗排细的放淤目标,但是由于影响因素多,很难全面控制,放淤效果持续保障难度大。2004 年以后实施了多轮次的小北干流放淤试验,取得了一定的经验和认识。

2.1.1.3　宁蒙河段

《黄河流域综合规划(2012—2030 年)》提出:宁蒙河段要按照"上控、中分、下排"的基本思路,进一步完善防洪(凌)工程体系。近期要加强河防工程建设,兴建海勃湾水利枢纽配合干流水库防凌和调水调沙运用,同时在内蒙古河段设置乌兰布和、河套灌区及乌梁素海、杭锦淖尔、蒲圪卜、昭君坟、小白河等应急分凌区,遇重大凌汛险情时,适时启用应急分凌区。远期进一步完善河防工程,研究建设黑山峡河段工程,从根本上解决河道淤积和防凌问题。

自"九五"以来,宁蒙河段开展了较为系统的河道治理。2010 年、2014 年国家发改委先后批复实施了一期和二期防洪工程建设,按照 2025 年淤积水平,堤防工程建设标准为:下河沿至三盛公河段为 20 年一遇洪水,三盛公至蒲滩拐河段为 50 年一遇洪水,右岸除达旗电厂附近为 50 年一遇洪水,其余为 30 年一遇洪水。

截至目前,黄河宁蒙河段建成各类堤防长度 1 453 km(不含三盛公库区围堤),其中干流堤防长 1 400 km 宁夏河段长 448.1 km,内蒙古河段长 951.9 km,支流口回水段堤防长 53 km。共建成河道整治工程 140 处,坝垛 2 194 道,工程长度 179.5 km。这些工程的修建,有效地提高了宁蒙河段抗御洪水的能力,在保障沿岸人民群众的生命财产安全和经济社会的稳定发展方面发挥了重要作用。

目前内蒙古河段建成了 6 个应急分洪区,即左岸的乌兰布和分洪区、乌梁素海分洪区、小白河分洪区;右岸的杭锦淖尔分洪区、蒲圪卜分洪区、昭君坟分洪区。应急分洪区位置示意见图 2-1,各应急分洪区工程设计指标见表 2-2。

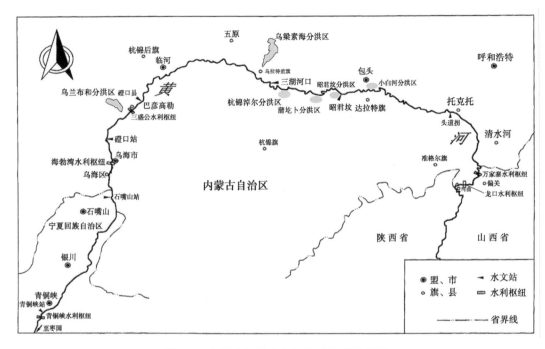

图 2-1　内蒙古河段应急分洪区位置示意图

表 2-2　应急分洪区位置、设计分洪规模及分洪区面积

工程名称	位置	分洪规模 （万 m³）	分洪区面积 （km²）
乌兰布和	黄河左岸巴彦淖尔市磴口县粮台乡	11 700	230
河套灌区及乌梁素海	黄河左岸巴彦淖尔市乌拉特前旗大余太镇	16 100	
杭锦淖尔	黄河右岸鄂尔多斯市杭锦淖尔乡	8 243	44.07
蒲圪卜	黄河右岸鄂尔多斯市达拉特旗恩格贝镇	3 090	13.77
昭君坟	黄河右岸内蒙古鄂尔多斯市达拉特旗昭君镇	3 296	19.93
小白河	黄河左岸包头市稀土高新区万水泉镇和九原区	3 436	11.77

　　2007 年凌汛期以来为了削减槽蓄水释放量,减轻黄河内蒙古河段防凌压力,内蒙古河段应急分洪区根据实际凌情实施了分凌运用,一定程度上缓解了内蒙古河段开河期的防凌形势。2007~2011 年凌汛期内蒙古河段应急分洪区运用情况见表 2-3。

　　上述分析表明,宁蒙河段基本按照规划安排完成了防洪工程建设,防御洪水能力提高。

表 2-3　2007～2011 年凌汛期内蒙古河段应急分洪区运用情况

年度	分凌时间			分凌地点	分凌水量（万 m³）
	开始	结束	历时(d)		
2007～2008	3 月 10 日 10 时			乌梁素海及乌兰布和	22 000
	3 月 21 日			杭锦淖尔	
2008～2009	2 月 22 日 17 时	3 月 17 日 10 时	23	河套灌区及乌梁素海	15 860
	3 月 18 日 12 时	3 月 21 日 8 时	3	杭锦淖尔	657
2009～2010	3 月 6 日 14 时	3 月 27 日 12 时	21	河套灌区及乌梁素海	12 410
2010～2011	3 月 15 日 12 时	3 月 25 日 8 时	10	河套灌区及乌梁素海	5 320
				杭锦淖尔	72
				小白河	1 103

2.1.2　水沙调控体系建设现状

根据《黄河流域综合规划(2012—2030 年)》,完善的水沙调控体系以干流的龙羊峡、刘家峡、黑山峡、碛口、古贤、三门峡、小浪底等骨干水利枢纽为主体,以干流的海勃湾、万家寨及支流的陆浑、故县、河口村、东庄等控制性水利枢纽为补充共同构成(见图 2-2)。其中龙羊峡、刘家峡、黑山峡水利枢纽工程主要构成黄河上游以水量调控为主的子体系,联合对黄河水量进行多年调节和水资源优化调度,并满足上游河段防凌(防洪)减淤及其他综合利用要求;碛口、古贤、三门峡和小浪底水利枢纽工程主要构成中游以洪水泥沙调控为主的子体系,管理黄河中游洪水,进行拦沙和调水调沙,协调黄河水沙关系,并进一步优化调度水资源。

图 2-2　水沙调控体系建设现状

目前,已投入运用的干流龙羊峡、刘家峡、海勃湾、万家寨、三门峡、小浪底水利枢纽工程以及支流陆浑、故县、河口村水利枢纽工程主要特征指标见表 2-4。通过水沙调控体系联合运用,管理洪水,拦减泥沙,调控水沙,对黄河下游和上中游河道防洪(防凌)减淤具有重要作用。

表 2-4　黄河水沙调控体系已建工程的主要特征指标

工程名称	建设地址	控制面积 (万 km²)	正常蓄水位 (m)	总库容 (亿 m³)	装机容量 (MW)
龙羊峡	青海共和、贵南	13.10	2 600.0	247.0	1 280
刘家峡	甘肃永靖	18.20	1 735.0	57.0	1 390
海勃湾	内蒙古乌海	31.24	1 076.0	4.87	90
万家寨	山西偏关、内蒙古准格尔旗	39.50	977.0	8.96	1 080
三门峡	山西平陆、河南三门峡市	68.80	335.0	96.40	400
小浪底	河南洛阳孟津、济源	69.40	275.0	126.50	1 800
陆浑	河南嵩县	0.35	319.5	13.20	10.45
故县	河南洛宁县	0.54	534.8	11.75	60
河口村	河南济源市	0.92	275.0	3.17	11.6

2.2　防洪减淤和水沙调控体系工程运用情况

2.2.1　龙羊峡水库

2.2.1.1　水库运用方式

龙羊峡水库位于青海省共和县、贵南县交界处的黄河龙羊峡进口处,是黄河上游已规划河段的第一个梯级电站,坝址控制流域面积 13.1 万 km²,约占黄河全流域面积的17.4%。水库的开发任务以发电为主,兼有防洪、灌溉、防凌、养殖、旅游等综合效益。多年平均流量 650 m³/s,年径流量 205 亿 m³。水库正常蓄水位 2 600 m,相应库容 247 亿m³;在校核洪水位 2 607 m 时,总库容为 274 亿 m³。正常死水位 2 560 m,极限死水位2 530 m,防洪限制水位 2 594 m,防洪库容 45.0 亿 m³,调节库容 193.6 亿 m³,属多年调节水库。为利于水库防洪排沙,2012 年水库汛期暂定为 7 月 1 日至 9 月 30 日。7 月、8 月汛限水位 2 588 m,9 月 1 日起水库水位可以视来水及水库蓄水运用情况向设计汛限水位过渡;9 月 16 日起可以向正常蓄水位过渡;凌汛期 11 月 1 日至次年 3 月 31 日,与刘家峡水库联合运用,满足防凌要求。

2.2.1.2　水库调度运用情况

2006~2018 年龙羊峡水库坝前实测水位特征值见表 2-5 和图 2-3。从近期实测运行水位来看,多年平均运行水位为 2 582.44 m,最高运行水位为 2 588.35 m,最低运行水位为 2 576.72 m;其中,汛期平均运行水位 2 584.07 m。年内各月平均水位基本在 2 565m 以上。

表 2-5　龙羊峡水库近期坝前实测水位特征值统计

（单位：m）

年份	水位	1月	2月	3月	4月	5月	6月	7月	8月	9月	10月	11月	12月	全年
2006	最高					2 586.23	2 582.04	2 581.53	2 581.23	2 583.93	2 585.50	2 585.49	2 584.38	2 586.23
	最低					2 582.16	2 580.10	2 581.17	2 580.28	2 581.21	2 584.02	2 584.44	2 582.27	2 580.10
	平均					2 584.23	2 581.05	2 581.39	2 580.85	2 582.94	2 585.05	2 585.06	2 583.36	2 582.99
2007	最高	2 582.22	2 579.72	2 577.34	2 575.07	2 572.47	2 573.54	2 580.08	2 581.31	2 583.85	2 586.56	2 586.91	2 586.59	2 586.91
	最低	2 579.81	2 577.41	2 575.15	2 572.57	2 569.47	2 569.14	2 573.81	2 580.17	2 581.43	2 583.87	2 586.61	2 585.00	2 569.14
	平均	2 581.03	2 578.59	2 576.16	2 573.93	2 570.86	2 570.17	2 577.37	2 580.85	2 582.84	2 585.21	2 586.80	2 585.86	2 579.14
2008	最高	2 584.93	2 582.81	2 580.53	2 578.98	2 576.58	2 573.20	2 570.97	2 573.47	2 575.98	2 581.21	2 581.99	2 581.41	2 584.93
	最低	2 582.87	2 580.61	2 579.10	2 576.67	2 573.33	2 569.62	2 569.61	2 571.07	2 573.58	2 576.25	2 581.32	2 580.10	2 569.61
	平均	2 583.93	2 581.72	2 579.95	2 577.73	2 575.00	2 571.23	2 570.32	2 572.40	2 574.51	2 579.49	2 581.68	2 580.69	2 577.39
2009	最高	2 580.05	2 577.11	2 574.33	2 570.98	2 566.80	2 566.80	2 575.23	2 582.76	2 589.51	2 593.72	2 593.91	2 593.44	2 593.91
	最低	2 577.20	2 574.34	2 571.16	2 566.89	2 564.76	2 564.46	2 566.59	2 575.65	2 583.07	2 589.69	2 593.47	2 591.53	2 564.46
	平均	2 578.50	2 575.82	2 572.98	2 568.73	2 565.56	2 565.11	2 570.10	2 579.22	2 586.60	2 591.86	2 593.80	2 592.52	2 578.40
2010	最高	2 591.47	2 589.87	2 588.73	2 587.14	2 583.30	2 579.89	2 588.36	2 588.42	2 587.39	2587.11	2 586.73	2 585.60	2 591.47
	最低	2 589.91	2 588.79	2 587.23	2 583.41	2 579.34	2 578.74	2 580.06	2 587.45	2 586.80	2 586.78	2 585.67	2 582.69	2 578.74
	平均	2 590.68	2 589.32	2 588.11	2 585.24	2 581.26	2 579.08	2 585.00	2 587.96	2 587.06	2 586.93	2 586.31	2 584.26	2 585.93

续表 2-5

年份	水位	1月	2月	3月	4月	5月	6月	7月	8月	9月	10月	11月	12月	全年
2011	最高	2 582.56	2 579.26	2 578.03	2 574.83	2 571.19	2 571.97	2 579.36	2 581.34	2 583.87	2 587.58	2 588.06	2 587.89	2 588.06
	最低	2 579.30	2 578.03	2 574.98	2 571.32	2 567.74	2 567.71	2 572.11	2 579.46	2 581.38	2 584.03	2 587.60	2 585.81	2 567.71
	平均	2 580.73	2 578.77	2 576.52	2 572.98	2 569.29	2 569.18	2 576.27	2 580.35	2 582.55	2 586.27	2 587.94	2 587.05	2578.99
2012	最高	2 585.71	2 583.34	2 581.29	2 579.91	2 579.38	2 580.51	2 590.66	2 594.76	2 595.66	2 596.29	2 596.30	2 594.93	2 596.30
	最低	2 583.39	2 581.36	2 579.90	2 579.36	2 579.02	2 579.24	2 580.63	2 591.01	2 594.88	2 595.68	2 594.96	2 592.89	2 579.02
	平均	2 584.54	2 582.33	2 580.55	2 579.74	2 579.21	2 579.76	2 585.51	2 593.25	2 595.49	2 596.04	2 595.60	2 593.99	2 587.17
2013	最高	2 592.79	2 589.72	2 587.75	2 585.28	2 581.73	2 581.01	2 586.58	2 589.44	2 589.61	2 589.87	2 589.43	2 586.98	2 592.79
	最低	2 589.84	2 587.83	2 585.38	2 581.80	2 580.11	2 580.17	2 580.56	2 586.89	2 589.11	2 589.49	2 587.09	2 584.04	2 580.11
	平均	2 591.37	2 588.74	2 586.70	2 583.50	2 580.59	2 580.69	2 582.52	2 588.91	2 589.42	2 589.75	2 588.29	2 585.57	2 586.34
2014	最高	2 583.99	2 580.79	2 578.63	2 576.24	2 575.44	2 576.35	2 578.67	2 580.86	2 586.14	2 589.83	2 589.85	2 588.92	2 589.85
	最低	2 580.88	2 578.71	2 576.23	2 575.49	2 574.01	2 574.00	2 576.53	2 578.53	2 580.88	2 586.45	2 588.98	2 587.02	2 574.00
	平均	2 582.36	2 579.80	2 577.30	2 575.91	2 574.72	2 574.92	2 577.90	2 579.59	2 582.39	2 588.74	2 589.48	2 588.04	2 580.93
2015	最高	2 586.94	2 584.93	2 582.99	2 580.23	2 578.00	2 577.36	2 581.76	2 581.49	2 580.48	2 581.96	2 581.68	2 580.02	2 586.94
	最低	2 584.96	2 583.08	2 580.32	2 578.10	2 575.79	2 575.73	2 577.59	2 580.02	2 579.55	2 580.61	2 580.06	2 577.83	2 575.73
	平均	2 585.98	2 584.00	2 581.77	2 579.24	2 576.74	2 576.24	2 580.61	2 580.66	2 579.80	2 581.63	2 580.89	2 578.92	2 580.54

续表 2-5

年份	水位	1月	2月	3月	4月	5月	6月	7月	8月	9月	10月	11月	12月	全年
2016	最高	2 577.72	2 575.03	2 572.65	2 570.41	2 568.82	2 569.67	2 570.12	2 571.19	2 573.95	2 577.81	2 578.28	2 578.25	2 578.28
	最低	2 575.11	2 572.75	2 570.07	2 568.89	2 568.15	2 568.43	2 569.04	2 570.19	2 571.25	2 574.06	2 577.87	2 577.62	2 568.15
	平均	2 576.41	2 573.93	2 571.14	2 569.55	2 568.39	2 569.40	2 569.49	2 570.59	2 572.55	2 575.88	2 578.17	2 578.04	2 572.79
2017	最高	2 577.57	2 576.25	2 574.56	2 572.56	2 571.37	2 574.42	2 574.85	2 575.32	2 581.31	2 589.75	2 591.50	2 591.46	2 579.24
	最低	2 576.30	2 574.61	2 572.64	2 571.43	2 570.58	2 570.68	2 574.52	2 574.28	2 575.47	2 581.63	2 589.88	2 590.31	2 576.86
	平均	2 576.90	2 575.43	2 573.52	2 571.88	2 570.91	2 572.27	2 574.75	2 574.54	2 578.50	2 586.22	2 591.02	2 590.94	2 578.07
2018	最高	2 590.24	2 588.49	2 587.06	2 585.40	2 584.14	2 584.87	2 593.26	2 595.43	2 597.93	2 599.54	2 600.09	2 599.78	2 592.19
	最低	2 588.57	2 587.11	2 585.48	2 583.81	2 583.85	2 584.06	2 585.07	2 593.34	2 595.53	2 597.89	2 599.64	2 597.99	2 590.20
	平均	2 589.36	2 587.81	2 586.35	2 584.51	2 583.99	2 584.29	2 589.84	2 594.32	2 596.75	2 598.55	2 599.91	2 599.03	2 591.22
多年平均	最高	2 585.44	2 583.08	2 581.30	2 579.11	2 577.04	2 577.34	2 582.62	2 584.25	2 586.26	2 588.86	2 589.10	2 588.20	2 588.35
	最低	2 583.14	2 581.36	2 579.14	2 577.07	2 575.40	2 575.42	2 577.35	2 582.35	2 583.87	2 586.29	2 587.97	2 586.24	2 576.72
	平均	2 584.26	2 582.24	2 580.22	2 578.06	2 576.12	2 576.20	2 580.21	2 583.35	2 584.94	2 587.78	2 588.62	2 587.32	2 582.44

注：月均水位为每日 8 时资料。

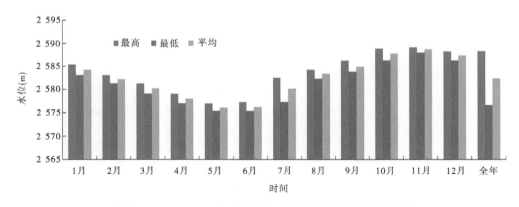

图 2-3　2002~2018 年龙羊峡水库坝前实测水位特征值变化

2.2.2　刘家峡水库

2.2.2.1　水库运用方式

刘家峡水利枢纽位于甘肃省永靖县境内的黄河干流上,下距兰州市 100 km,控制流域面积 18.2 万 km²,约占黄河全流域面积的 1/4,是一座以发电为主,兼顾防洪、防凌、灌溉、养殖等综合效益的大型水利水电枢纽工程。水库设计正常蓄水位和设计洪水位均为 1 735 m,相应库容 57 亿 m³;死水位 1 694 m,防洪标准按千年一遇洪水设计,可能最大洪水校核。校核洪水位 1 738 m,相应库容 64 亿 m³;设计汛限水位 1 726 m;兴利库容 41.5 亿 m³,为不完全年调节水库。电站总装机 1 390 MW,最大发电流量 1 550 m³/s。

刘家峡水库运用可分为两个阶段,第一阶段为 1969~1986 年单库运用阶段,第二阶段为 1986 年至今龙羊峡水库、刘家峡水库联合调度运用阶段。龙羊峡水库、刘家峡水库联合运用方式为:7~9 月为黄河主汛期,水库控制在汛限水位(或其以下)运行,以利于防洪排沙;10~11 月龙羊峡水库和刘家峡水库开始蓄水运用,12 月上旬为宁蒙河段封冻期,为满足宁蒙河段防凌需要,要求刘家峡水库 11 月下旬按封冻期要求流量下泄;4 月水库水位可根据水库蓄水情况,继续蓄水至正常蓄水位,以备灌溉季节之需;5~6 月为黄河汛前期,又是宁蒙地区的主灌溉期,由于天然来水量不足,龙羊峡水库、刘家峡水库需自下而上由水库补水,6 月底龙羊峡水库、刘家峡水库水位应降至汛限水位。

2.2.2.2　水库调度运用情况

刘家峡水库设计死水位 1 694 m,设计正常蓄水位为 1 735 m,而设计汛限水位为 1 726 m。由于目前龙羊峡水库汛期按控制水位不超 2 588 m 运用,预留一定库容,故刘家峡水库现状汛限水位暂采用 1 727 m,相对于设计值抬高了 1 m。

目前,受洮河河口淤积沙坎高程的影响,水库坝前水位一般不低于 1 717 m(防沙安全水位)。主要原因为:受洮河河口淤积沙坎的影响,若坝前运行水位过低,淤积沙坎附近水深过小,会导致过流能力不足,无法满足发电需求,一般情况下坝前水位按不低于 1 717 m 运用。由于该水位与库区洮河河口淤积沙坎高程变化关系密切,随着水库淤积形态变化,未来也可能做出调整。

2002~2018 年刘家峡水库坝前实测坝前水位特征值变化见表 2-6 和图 2-4。多年平均

表 2-6　刘家峡水库近期坝前实测水位特征值统计

（单位：m）

年份	水位	1 月	2 月	3 月	4 月	5 月	6 月	7 月	8 月	9 月	10 月	11 月	12 月	全年
2002	最高	1 728.70	1 733.36	1 733.60	1 732.93	1 729.57	1 726.21	1 723.22	1 723.47	1 725.56	1 727.38	1 720.16	1 721.12	1 733.60
	最低	1 728.39	1 728.60	1 730.85	1 729.86	1 724.75	1 723.48	1 721.15	1 721.28	1 718.00	1 717.48	1 717.18	1 718.54	1 717.18
	平均	1 728.54	1 729.54	1 732.53	1 732.13	1 725.98	1 725.15	1 721.93	1 722.65	1 724.25	1 721.25	1 717.75	1 720.04	1 725.11
2003	最高	1 723.41	1 723.26	1 724.51	1 724.64	1 724.07	1 721.28	1 722.02	1 728.78	1 730.59	1 731.82	1 727.56	1 725.32	1 731.82
	最低	1 721.19	1 722.56	1 722.44	1 723.05	1 718.62	1 717.70	1 717.56	1 722.57	1 728.67	1 727.70	1 725.19	1 724.93	1 717.56
	平均	1 722.86	1 722.90	1 722.85	1 723.71	1 720.45	1 719.41	1 719.03	1 726.69	1 729.84	1 730.31	1 725.95	1 725.18	1 724.10
2004	最高	1 726.33	1 730.44	1 734.62	1 734.57	1 731.33	1 723.38	1 722.21	1 725.92	1 729.57	1 731.98	1 728.95	1 725.89	1 734.62
	最低	1 725.06	1 726.34	1 730.60	1 731.65	1 723.50	1 718.30	1 717.11	1 722.53	1 726.07	1 729.22	1 724.41	1 724.71	1 717.11
	平均	1 725.69	1 728.33	1 732.97	1 733.81	1 726.88	1 720.61	1 718.60	1 724.05	1 728.18	1 730.85	1 725.72	1 725.35	1 726.74
2005	最高	1 727.91	1 728.31	1 731.45	1 732.63	1 730.16	1 724.05	1 722.13	1 724.43	1 727.34	1 730.22	1 728.54	1 726.91	1 732.63
	最低	1 725.84	1 727.59	1 728.07	1 730.47	1 724.10	1 717.36	1 717.50	1 722.06	1 724.61	1 727.06	1 723.11	1 724.83	1 717.36
	平均	1 726.81	1 727.94	1 730.10	1 731.94	1 726.16	1 721.32	1 719.89	1 723.14	1 726.30	1 729.37	1 725.01	1 725.98	1 726.15

续表 2-6

年份	水位	1月	2月	3月	4月	5月	6月	7月	8月	9月	10月	11月	12月	全年
2006	最高	1 727.72	1 729.44	1 734.14	1 732.06	1 729.28	1 727.08	1 723.24	1 724.64	1 726.92	1 728.16	1 725.55	1 724.27	1 734.14
	最低	1 726.97	1 727.76	1 729.60	1 729.32	1 727.25	1 720.28	1 719.23	1 723.38	1 724.80	1 725.68	1 722.80	1 723.07	1 719.23
	平均	1 727.27	1 728.45	1 732.22	1 730.18	1 728.03	1 723.94	1 720.64	1 723.90	1 726.21	1 727.22	1 723.63	1 723.81	1 726.28
2007	最高	1 726.53	1 728.97	1 733.93	1 733.55	1 730.68	1 724.13	1 723.96	1 723.15	1 728.83	1 731.78	1 728.00	1 726.11	1 733.93
	最低	1 724.28	1 726.60	1 729.17	1 730.95	1 723.45	1 720.74	1 721.14	1 720.79	1 723.50	1 728.42	1 723.47	1 724.49	1 720.74
	平均	1 725.48	1 727.44	1 731.94	1 732.85	1 726.78	1 722.40	1 722.67	1 721.52	1 726.73	1 730.49	1 724.72	1 725.41	1 726.53
2008	最高	1 727.66	1 730.68	1 733.56	1 733.00	1 730.58	1 724.74	1 722.06	1 724.77	1 728.37	1 728.43	1 723.64	1 726.50	1 733.56
	最低	1 726.19	1 727.69	1 731.06	1 730.77	1 724.94	1 720.13	1 719.04	1 722.20	1 724.41	1 723.80	1 720.56	1 722.51	1 719.04
	平均	1 726.88	1 728.71	1 732.70	1 731.79	1 727.91	1 721.92	1 720.19	1 723.73	1 726.23	1 726.84	1 721.68	1 724.48	1 726.08
2009	最高	1 727.43	1 731.98	1 733.76	1 731.09	1 727.32	1 725.47	1 720.81	1 725.60	1 727.95	1 727.98	1 723.50	1 728.14	1 733.76
	最低	1 726.21	1 727.45	1 730.79	1 727.43	1 725.31	1 719.68	1 718.36	1 720.38	1 725.37	1 723.42	1 720.26	1 723.58	1 718.36
	平均	1 726.91	1 729.28	1 732.65	1 729.21	1 725.94	1 723.26	1 719.74	1 723.04	1 726.33	1 726.43	1 721.80	1 726.15	1 725.88

续表 2-6

年份	水位	1月	2月	3月	4月	5月	6月	7月	8月	9月	10月	11月	12月	全年
2010	最高	1 729.82	1 731.55	1 734.84	1 733.31	1 727.34	1 725.01	1 723.01	1 725.18	1 729.22	1 729.88	1 725.63	1 727.08	1 734.84
	最低	1 728.14	1 729.94	1 731.86	1 727.55	1 724.92	1 721.55	1 720.43	1 722.01	1 725.35	1 725.93	1 720.07	1 721.90	1 720.07
	平均	1 728.98	1 730.52	1 733.75	1 730.62	1 725.73	1 723.65	1 721.69	1 723.29	1 726.83	1 727.65	1 722.06	1 724.66	1 726.60
2011	最高	1 730.20	1 729.95	1 734.62	1 734.77	1 732.75	1 728.74	1 722.00	1 724.91	1 729.73	1 730.28	1 725.56	1 725.36	1 734.77
	最低	1 727.08	1 729.03	1 729.90	1 732.86	1 728.88	1 721.44	1 720.37	1 721.68	1 724.60	1 725.64	1 719.61	1 721.53	1 719.61
	平均	1 729.40	1 729.41	1 733.03	1 733.96	1 730.46	1 725.27	1 721.43	1 723.09	1 726.59	1 728.67	1 721.66	1 723.09	1 727.16
2012	最高	1 727.53	1 730.28	1 734.30	1 734.65	1 733.85	1 730.88	1 727.82	1 729.19	1 726.93	1 725.53	1 721.93	1 723.24	1 734.65
	最低	1 725.46	1 727.51	1 730.45	1 732.07	1 731.02	1 724.14	1 723.65	1 726.82	1 724.78	1 721.67	1 719.97	1 720.86	1 719.97
	平均	1 726.70	1 728.64	1 732.50	1 733.64	1 732.44	1 727.79	1 724.40	1 728.11	1 725.47	1 724.51	1 720.87	1 721.89	1 727.24
2013	最高	1 726.57	1 730.27	1 734.09	1 733.93	1 732.61	1 730.16	1 726.60	1 727.61	1 730.33	1 729.53	1 723.25	1 724.01	1 734.09
	最低	1 722.97	1 726.60	1 730.27	1 731.87	1 730.37	1 726.38	1 725.53	1 724.98	1 724.71	1 723.35	1 719.63	1 721.94	1 719.63
	平均	1 725.19	1 728.17	1 732.57	1 733.21	1 731.20	1 727.83	1 726.02	1 726.24	1 726.79	1 726.51	1 721.19	1 722.88	1 727.31

续表 2-6

年份	水位 (m)	1月	2月	3月	4月	5月	6月	7月	8月	9月	10月	11月	12月	全年
2014	最高	1 726.08	1 729.12	1 734.38	1 734.81	1 732.58	1 727.98	1 722.49	1 723.47	1 727.58	1 728.75	1 724.28	1 726.55	1 734.81
	最低	1 723.88	1 725.85	1 729.44	1 732.79	1 727.57	1 722.83	1 720.91	1 721.81	1 723.32	1 724.44	1 720.35	1 723.85	1 720.35
	平均	1 725.21	1 726.99	1 732.70	1 733.96	1 729.18	1 726.09	1 721.70	1 722.84	1 724.71	1 727.04	1 722.25	1 725.31	1 726.50
2015	最高	1 727.73	1 730.19	1 733.59	1 734.25	1 732.24	1 727.77	1 722.15	1 723.56	1 726.59	1 726.60	1 722.94	1 723.81	1 734.25
	最低	1 726.52	1 727.81	1 730.40	1 732.61	1 727.03	1 722.29	1 720.90	1 721.02	1 723.48	1 723.06	1 719.91	1 720.89	1 719.91
	平均	1 727.30	1 728.65	1 732.72	1 733.85	1 728.66	1 725.76	1 721.32	1 722.75	1 725.54	1 725.39	1 720.94	1 722.74	1 726.30
2016	最高	1 726.49	1 728.88	1 732.84	1 733.77	1 731.87	1 730.27	1 724.27	1 726.57	1 730.82	1 732.28	1 726.74	1 724.29	1 733.77
	最低	1 723.93	1 726.48	1 728.99	1 731.87	1 726.65	1 722.92	1 721.65	1 724.10	1 726.55	1 727.04	1 720.76	1 722.61	1 720.76
	平均	1 725.24	1 727.54	1 731.32	1 733.30	1 728.21	1 727.62	1 722.78	1 725.01	1 728.34	1 730.57	1 722.77	1 723.56	1 727.19

续表 2-6

年份	水位(m)	1月	2月	3月	4月	5月	6月	7月	8月	9月	10月	11月	12月	全年
2017	最高	1 725.71	1 728.65	1 732.20	1 734.41	1 732.02	1 728.52	1 724.43	1 724.68	1 731.29	1 733.07	1 727.97	1 726.22	1 734.41
	最低	1 724.30	1 725.82	1 728.70	1 732.27	1 725.54	1 724.85	1 719.78	1 719.45	1 724.89	1 728.45	1 720.37	1 721.68	1 719.45
	平均	1 725.09	1 727.15	1 730.49	1 733.56	1 727.76	1 727.51	1 722.47	1 721.54	1 728.06	1 731.68	1 722.62	1 724.37	1 726.86
2018	最高	1 729.23	1 731.66	1 733.61	1 733.59	1 731.84	1 726.85	1 728.92	1 732.19	1 734.80	1 732.44	1 723.86	1 728.06	1 734.80
	最低	1 726.34	1 729.24	1 731.71	1 732.13	1 726.17	1723.78	1 723.61	1 728.79	1 731.12	1 724.02	1 719.17	1 723.32	1 719.17
	平均	1 728.06	1 730.47	1 732.94	1 733.04	1 728.29	1 725.31	1 727.09	1 731.04	1 733.33	1 727.48	1 721.24	1 725.52	1 728.65
多年平均	最高	1 727.36	1 729.82	1 733.18	1 733.06	1 730.59	1 726.62	1 723.61	1 725.77	1 728.97	1 729.77	1 725.18	1 725.46	1 734.03
	最低	1 725.46	1 727.23	1 729.66	1 730.56	1 725.89	1 721.64	1 720.47	1 722.70	1 724.95	1 725.08	1 720.99	1 722.66	1 719.15
	平均	1 726.57	1 728.24	1 731.76	1 732.04	1 727.65	1 724.40	1 721.86	1 724.27	1 727.04	1 727.78	1 722.46	1 724.14	1 726.51

运行水位为 1 726.51 m,最高运行水位为 1 734.63 m,最低运行水位为 1 719.15 m;其中,汛期平均运行水位为 1 725.24 m。年内各月平均水位基本在 1 720 m 以上,其中,6~8月、11~12 月平均水位较低,其他月份平均水位均在 1 725 m 以上。

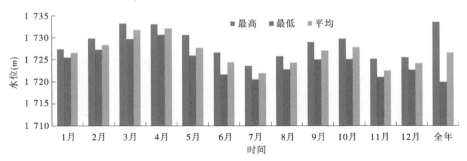

图 2-4　2002~2018 年刘家峡水库坝前实测水位特征值变化

2.2.3　海勃湾水库

2.2.3.1　水库运用方式

海勃湾水利枢纽位于内蒙古自治区境内的黄河干流上。枢纽坝址距乌海市区 3 km,下游 87 km 处为内蒙古三盛公水利枢纽,是一座防凌、发电等综合利用工程。坝址以上控制流域面积 31.24 万 km²。根据《黄河海勃湾水利枢纽工程初步设计报告》(中水北方勘测设计研究有限责任公司,2010 年 3 月),海勃湾水库正常蓄水位 1 076.0 m,原始总库容 4.87 亿 m³,水库死水位 1 069.0 m,相应库容为 0.443 亿 m³。电站装机 90 MW,年发电量 3.817 亿 kW·h。工程于 2010 年 4 月开工建设,2014 年 3 月海勃湾水库蓄水至 1 073.0 m 高程。汛期为了尽量提高发电效益,又要相应保持一定的有效库容,拟定调度原则为:入库水沙较小时,水库在较高水位运行,获得较多的电量效益;入库水沙较大时,水库宜降低水位运行,在发电的同时泄水排沙,尽量减少水库泥沙淤积,以获得较大的调节库容。汛期 7 月 1 日至 9 月 30 日,排沙运行水位 1 069.0~1 074.0 m。凌汛期 11 月 1 日至次年 3 月 31 日,防凌起始运用水位 1 069.0 m,最高运用水位 1 076.0 m。

2.2.3.2　水库调度运用情况

2014~2018 年以来海勃湾水库坝前实测特征水位变化见表 2-7 和图 2-5。从实测运行水位来看,运用以来坝前多年平均水位为 1 072.89 m,最高运行水位为 1 073.92 m,最低运行水位为 1 070.73 m;其中,汛期平均运行水位为 1 073.72 m。

2.2.4　万家寨水库

2.2.4.1　水库运用方式

黄河万家寨水利枢纽位于黄河中游托克托至龙口峡谷上段,1992 年开始建设,1998年 10 月下闸蓄水,是一座以供水、发电为主,兼顾防洪、防凌等综合利用的大型水利枢纽工程。控制流域面积 39.5 万 km²,水库总库容 8.96 亿 m³,调节库容 4.45 亿 m³,水库最高蓄水位 980 m,正常蓄水位 977 m,排沙期 8~9 月运用水位 952~957 m。

水库采用蓄清排浑运用方式。万家寨水库坝址下游 25.7 km 处为运行中的配套工程

表2-7 2014~2018年海勃湾水库坝前实测水位特征值统计

（单位：m）

年份	水位	1月	2月	3月	4月	5月	6月	7月	8月	9月	10月	11月	12月	全年
2014	最高	1 067.10	1 071.60	1 073.00	1 073.00	1 072.70	1 073.19	1 073.20	1 073.31	1 073.15	1 073.32	1 073.28	1 072.02	1 073.32
	最低	1 067.00	1 066.75	1 072.00	1 073.00	1 070.60	1 072.00	1 073.00	1 073.00	1 073.00	1 073.00	1 070.00	1 069.50	1 066.75
	平均	1 067.01	1 069.71	1 072.32	1 073.00	1 071.72	1 072.90	1 073.02	1 073.12	1 073.09	1 073.09	1 071.69	1 070.19	1 071.74
2015	最高	1 070.00	1 070.89	1 073.85	1 073.52	1 073.96	1 073.55	1 073.89	1 073.72	1 073.80	1 073.78	1 073.69	1 071.00	1 073.96
	最低	1 070.00	1 070.00	1 071.45	1 073.07	1 073.00	1 072.78	1 073.50	1 073.19	1 073.60	1 073.62	1 070.56	1 070.00	1 070.00
	平均	1 068.23	1 070.09	1 073.19	1 073.42	1 073.49	1073.19	1 073.66	1 073.57	1 073.64	1 073.64	1 071.93	1 070.55	1 072.38
2016	最高	1 071.00	1 071.00	1 073.50	1 073.50	1 073.30	1 073.50	1 073.50	1 073.51	1 073.50	1 073.77	1 073.70	1 070.32	1 073.77
	最低	1 071.00	1 071.00	1 070.48	1 073.30	1 072.73	1 072.74	1 073.49	1 072.82	1 073.50	1 071.50	1 070.00	1 070.00	1 070.00
	平均	1 071.00	1 071.00	1 071.92	1 073.48	1 073.04	1 073.21	1 073.19	1 073.19	1 073.50	1 073.15	1 071.99	1 070.01	1 072.42
2017	最高	1 071.00	1 071.00	1 073.37	1 074.00	1 074.37	1 074.20	1 074.30	1 074.23	1 074.40	1 074.40	1 074.40	1 073.50	1 073.60
	最低	1 070.52	1 071.00	1 071.10	1 073.47	1 073.94	1 073.99	1 074.00	1 074.15	1 074.25	1 074.30	1 073.50	1 073.50	1 073.14
	平均	1 070.98	1 071.00	1 072.26	1 073.94	1 074.24	1 074.05	1 074.10	1 074.23	1 074.30	1 074.34	1 073.92	1 073.50	1 073.40
2018	最高	1 073.50	1 074.15	1 076.00	1 076.00	1 076.00	1 075.00	1 074.95	1 075.00	1 075.00	1 075.00	1 075.00	1 074.00	1 074.97
	最低	1 073.50	1 073.50	1 074.38	1 073.58	1 075.00	1 074.50	1 071.50	1 073.25	1 075.00	1 075.00	1 073.00	1 073.00	1 073.77
	平均	1 073.50	1 073.55	1 075.35	1 075.73	1 075.64	1 074.86	1 072.80	1 074.55	1 075.00	1 075.00	1 074.51	1 073.73	1 074.52
多年平均	最高	1 070.52	1 071.73	1 073.94	1 074.00	1 074.07	1 073.89	1 073.97	1 073.95	1 073.97	1 074.05	1 074.01	1 072.17	1 073.92
	最低	1 070.40	1 070.45	1 071.88	1 073.28	1 073.05	1 073.20	1 073.10	1 073.28	1 073.87	1 073.48	1 071.41	1 071.20	1 070.73
	平均	1 070.14	1 071.07	1 073.01	1 073.91	1 073.63	1 073.64	1 073.42	1 073.73	1 073.91	1 073.84	1 072.81	1 071.60	1 072.89

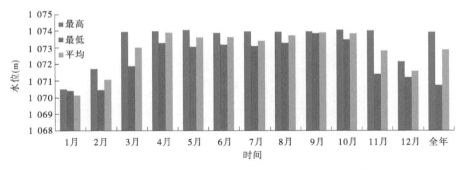

图 2-5　2014~2018 年海勃湾水库坝前实测水位特征值变化

龙口电站,其回水末端接近万家寨电站尾水。汛期的 7 月 16 日至 10 月 15 日,库水位不超过汛限水位 966.00 m。8 月、9 月为排沙期,水库保持低水位运行。入库流量小于 800 m³/s 时,库水位控制在 952.00~957.00 m,进行日调节发电调峰;入库流量大于 800 m³/s 时,库水位保持 952.00 m 运行,电站转为基荷或弃水带峰;当水库淤积严重,难以保持日调节库容时,在流量大于 1 000 m³/s 情况下,库水位短期降至 948.00 m 冲沙。10 月底库水位达到 970.00 m,以使水轮机能够发满出力。11 月至次年 2 月底,最低库水位 970.00 m。在内蒙古河段开始封冻时,有约半个月的小流量过程,为保证正常发电,水库需调节部分水量,但在封冻之前库水位不超过 975.00 m;待上游河道封冻以后,再无大量冰花进入库区时可提高水库水位,但为了防止非汛期泥沙淤积上延,此时库水位最高不应超过 977.00 m。3 月初至 4 月初,是内蒙古河段开河流凌期,为促使库尾部盖面冰解体,便于上游流冰进入库内,应降低水位至 970.00 m 运行。春季流凌结束后即可蓄到 977.00 m,4 月底前蓄至 980.00 m。5 月至 7 月 15 日供水期水位由 980.00 m 逐渐降到汛限水位 966.00 m,至 7 月底降至排沙期运用水位。

2.2.4.2　水库调度运用情况

　　万家寨水库于 1998 年 10 月 1 日下闸蓄水,10 月底蓄水到 941.70 m,11 月底到 959.50 m,12 月在 960.00 m 左右运行。水库运用初期,1998 年 11 月至 2001 年 10 月,水库运行水位较低,平均水位 961.20 m,且水位波动较大。水库在 950.00~970.00 m 运行天数占总运行天数的 88.00%,开河期有 12 d 库水位运行在 950.00 m 以下。

　　2002~2018 年,各阶段运用水位逐年适当抬高,多年平均水位 969.33 m,4~6 月运行水位较高,一般高于 970.00 m,最高月平均水位 2018 年 4 月达到了 977.91 m;汛期来水来沙偏枯,相应运行水位较设计值高,8~10 月在 941.00~976.00 m 运行,汛期最高月均水位达 975.94 m(2012 年 10 月);稳定封河期库水位保持在 965.00~975.00 m,开河期一般降到 965.00 m 以下,2006~2010 年,开展利用桃汛洪水冲刷降低潼关高程试验以来,开河期库水位一般降至 955 m 以下,最低降至 952.03 m(2010 年 3 月 31 日)。1999~2018 年万家寨逐月平均水位见表 2-8,1999~2018 年各月最高和最低水位变化见图 2-6。

2.2.5　三门峡水库

2.2.5.1　水库运用方式

　　三门峡水利枢纽是黄河干流上兴建的第一座兼顾防洪(防凌)、灌溉、发电和供水的

表 2-8　1999～2018 年万家寨水库逐月平均水位

（单位：m）

年份	1月	2月	3月	4月	5月	6月	7月	8月	9月	10月	11月	12月	年均
1999	959.64	958.03	951.09	960.25	961.82	961.42	960.93	965.95	968.77	967.50	964.04	956.87	961.36
2000	957.95	960.26	952.24	969.16	959.46	959.73	958.77	960.04	962.03	956.49	958.09	959.79	959.50
2001	961.96	961.70	959.90	972.93	972.07	960.15	952.75	959.52	969.55	972.91	966.43	960.85	964.23
2002	965.22	963.80	970.99	976.56	975.46	970.40	962.29	960.44	967.74	960.21	962.26	961.03	966.37
2003	963.96	969.45	965.47	976.73	975.46	970.49	961.45	963.96	966.48	970.76	971.00	967.77	968.58
2004	972.62	968.51	966.96	976.57	975.72	976.15	962.34	964.27	969.01	970.29	971.99	969.07	970.29
2005	968.25	973.43	965.19	975.13	973.19	973.46	964.02	963.82	968.31	971.81	966.94	967.94	969.29
2006	971.59	972.75	964.31	971.57	970.85	968.81	961.09	963.64	971.65	964.24	962.16	968.78	967.62
2007	972.51	972.13	966.82	975.58	976.52	973.04	963.43	964.60	972.11	972.58	972.08	969.90	970.94
2008	970.04	971.03	968.65	976.26	969.40	973.21	960.80	964.00	967.21	973.77	972.66	966.80	969.49
2009	973.18	971.00	963.50	975.38	973.22	974.32	965.07	965.52	973.58	972.40	972.22	970.07	970.79
2010	968.82	971.51	967.45	970.09	974.75	977.23	964.01	966.11	974.25	969.14	967.31	969.43	970.01
2011	963.91	974.40	969.13	972.52	976.47	976.58	963.52	963.00	961.17	963.03	972.49	970.16	968.87

续表 2-8

年份	1月	2月	3月	4月	5月	6月	7月	8月	9月	10月	11月	12月	年均
2012	969.75	975.25	970.41	973.05	974.06	976.81	965.13	956.04	968.89	975.94	973.67	969.07	970.67
2013	975.79	975.05	969.30	975.52	974.98	975.75	964.21	956.67	955.19	966.56	969.65	971.42	969.17
2014	973.98	974.88	968.85	973.22	975.19	975.38	962.95	956.66	960.76	971.65	974.97	971.91	970.03
2015	975.86	973.40	971.63	973.74	974.47	974.74	964.06	956.56	957.66	972.94	971.91	967.70	969.56
2016	969.59	971.18	968.30	975.34	973.30	974.08	964.79	961.93	968.69	972.59	970.30	969.21	969.94
2017	970.49	975.29	970.51	975.81	975.42	973.98	963.90	955.86	956.90	974.44	975.04	968.89	969.71
2018	973.66	975.33	969.74	977.91	977.63	972.97	961.82	941.69	951.60	969.33	972.31	964.45	967.37
最高	975.86	975.33	971.63	977.91	977.63	977.23	965.13	966.11	974.25	975.94	975.04	971.91	970.94
最低	957.95	958.03	951.09	960.25	959.46	959.73	952.75	941.69	951.60	956.49	958.09	956.87	959.50

注:2011~2018 年月均水位为每日 8 时报汛资料。

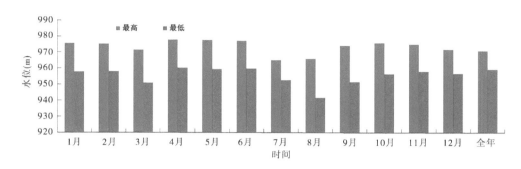

图 2-6　1999~2018 年万家寨水库各月最高和最低水位变化

综合性大型水利枢纽,位于黄河中游下段,其左岸是山西省平陆县,右岸是河南省三门峡市,工程于 1957 年 4 月动工兴建,1960 年 9 月水库开始蓄水运用。控制流域面积 68.8 万 km², 占黄河流域面积的 91.5%,水库防洪运用水位 335 m,相应原始库容 96.4 亿 m³。水库自运用以来经历了蓄水拦沙(1960 年 9 月至 1962 年 3 月)、滞洪排沙(1962 年 3 月至 1973 年 10 月)和蓄清排浑(1973 年 10 月以来)三个运用阶段。目前,三门峡水库采用蓄清排浑的运用方式,汛期控制水位防洪排沙,非汛期蓄水兴利。

2.2.5.2　水库调度运用情况

1. 蓄水拦沙期

三门峡水库 1960 年 9 月投入运用,至 1962 年 3 月为蓄水拦沙期。该时期水库承担的任务有防洪、防凌、灌溉和发电,基本上采取高水位运用,库水位在 330 m 以上的时间达 200 d,最高蓄水位 332.58 m,汛期平均运用水位 324.03 m。水库回水最远渭河为距坝 187 km,黄河干流为 152 km。

2. 滞洪排沙期

1962 年 3 月至 1973 年 10 月为滞洪排沙运用期。这一时期,水库除承担防凌和 1972~1973 年春灌外,基本上是敞开闸门泄流排沙,水库运用特征值见表 2-9。此阶段非汛期最高运用水位 327.91 m(1968 年),另外 1969 年和 1973 年的最高运用水位也均超过 326 m;1965 年和 1966 年未进行防凌运用,水位较低。

汛期库水位的变化,主要是与来水来沙条件和水库泄流能力变化有关。如丰水丰沙的 1964 年,由于水库严重的滞洪滞沙,汛期最高水位达 325.86 m,平均水位 320.24 m。随着泄流改建工程逐渐投入运用,汛期坝前水位不断下降,1970~1973 年,汛期坝前平均水位均在 300 m 以下。

3. 蓄清排浑期

1973 年 11 月以后三门峡水库采用蓄清排浑运用方式。非汛期蓄水,承担防凌、发电、灌溉、供水等任务;汛期平水期控制水位 305 m 发电,洪水期降低水位泄洪排沙。20 世纪七八十年代排沙流量是 3 000 m³/s,90 年代以后排沙流量是 2 500 m³/s。

表 2-10 为 1974~2018 年水库运用特征值。1974~2001 年三门峡水库蓄清排浑期非汛期最高运用水位 325.95 m(1977 年),非汛期平均水位 316.19 m,汛期平均水位 304.01 m。为了减少水库运用对潼关高程的影响,非汛期水库最高运用水位逐年不断下调,高水位运用历时也不断减少。1974~1979 年,最高运用水位 325.95 m, 非汛期平均运用水位

表 2-9　三门峡水库滞洪排沙期水库运用特征值

年份	改建情况	非汛期水位(m)		汛期水位(m)	
		最高	平均	最高	平均
1963	改建前	317.15	308.38	319.22	312.29
1964		321.93	313.85	325.86	320.24
1965		311.84	306.89	318.05	308.55
1966	第一次改建	308.51	304.71	319.45	311.35
1967		325.20	321.22	319.97	314.48
1968		327.91	321.82	318.74	311.35
1969		327.72	322.26	308.82	302.83
1970	第二次改建	323.31	320.11	312.72	299.54
1971		323.42	313.17	310.90	297.94
1972		319.98	314.25	308.89	297.24
1973		326.05	323.35	312.00	296.96

316.97 m,库水位超过 322 m 的时间年平均 74 d;1980~1985 年,最高运用水位 324.90 m,非汛期平均运用水位 316.55 m,库水位超过 322 m 的时间年平均 57 d;1986~1992 年,最高运用水位 324.06 m,非汛期平均运用水位 315.97 m,库水位超过 322 m 的时间年平均 39 d;1993~2001 年,最高运用水位 323.73 m,非汛期平均运用水位 315.61 m,库水位超过 322 m 的时间年平均 3 d。从 2002 年 11 月起,三门峡水库非汛期最高运用水位按 318 m 控制运用,平均水位为 317.08;汛期按 305 m 控制运用,洪水排沙流量从 2 500 m³/s 调整到 1 500 m³/s。

表 2-10　1974~2018 年三门峡水库蓄清排浑期水库运用特征值

时段	非汛期水位				汛期水位(m)	
	最高(m)	平均(m)	>320 m 天数(年均)	>322 m 天数(年均)	最高	平均
1974~1979 年	325.95	316.97	103	74	318.33	305.18
1980~1985 年	324.90	316.55	86	57	314.28	303.83
1986~1992 年	324.06	315.97	64	39	313.08	302.63
1993~2001 年	323.73	315.61	42	3	318.17	304.43
1974~2001 年	325.95	316.19	70	39	318.33	304.01
2002~2018 年	319.42	317.08	0	0	318.78	305.74

2.2.6　小浪底水库

2.2.6.1　水库运用方式

黄河小浪底水利枢纽地处黄河中游最后一个峡谷段的出口,上距三门峡水利枢纽 130 km,下距花园口水文站 128 km,控制流域面积 69.4 万 km²,占黄河流域总面积(不包括内陆区)的 92.3%,控制了约 90% 的黄河径流和几乎全部的泥沙,开发任务是以防洪 (防凌)减淤为主,兼顾供水、灌溉、发电,除害兴利等综合利用,是黄河干流的关键控制性骨干工程,在黄河治理开发中具有十分重要的战略地位。工程于 1997 年 10 月截流,1999 年 10 月下闸蓄水运用。水库设计正常蓄水位 275.0 m,千年一遇设计洪水位 274 m,万年一遇校核洪水位 275.0 m,总库容 126.50 亿 m³。截至 2020 年 4 月,小浪底水库库区淤积泥沙 32.86 亿 m³,占水库设计拦沙库容的 43.5%,水库运用处于拦沙后期第一阶段。小浪底水利枢纽拦沙后期的运用方式为:汛期采取防洪、拦沙和调水调沙的运用方式,即 "多年调节泥沙,相机降低水位冲刷,拦沙和调水调沙运用" 的防洪减淤运用方式;非汛期按照防断流、灌溉、供水、发电要求进行调节。

2.2.6.2　水库调度运用情况

1. 汛限水位调整情况

小浪底水库投入运用以来共进行了 5 次汛限水位调整。2000 年,小浪底水库汛限水位定为 215 m,水库移民仅完成 235 m 以下搬迁,水库防洪运用的最高水位为 235 m;2001 年,小浪底水库前汛期(7~8 月,下同)的汛限水位为 220 m,后汛期(9~10 月,下同)的汛限水位为 235 m,移民限制水位 265 m(水库防洪运用的最高水位);2002 年,前汛期汛限水位为 225 m,后汛期汛限水位调整为 248 m;2013 年前汛期汛限水位调整为 230 m,后汛期汛限水位为 248 m;2019 年前汛期汛限水位调整为 235 m,后汛期汛限水位为 248 m。

2. 实际运行水位分析

小浪底水库每年汛末至次年 4~5 月之前,坝前水位缓慢上升,为即将到来的用水高峰蓄积水资源。4~5 月,为满足黄河下游工农业生产、城市生活及生态用水的需求,水库补水下泄,坝前水位开始降低;汛期为满足防洪运用要求,汛前水位降至汛限水位以下,并在有条件的情况下进行调水调沙;之后水位开始恢复抬升。

小浪底水库 2000 年 1 月至 2018 年 12 月坝前运用水位特征值见表 2-11 和图 2-7,坝前最高水位为 270.10 m(2012 年 11 月 19 日),最低水位为 191.44 m(2001 年 7 月 26 日)。多年平均运行水位为 242.84 m。

2.2.7　陆浑水库

陆浑水库位于黄河支流伊河上,开发任务是以防洪为主,兼顾灌溉、发电、供水等综合利用,控制流域面积 0.35 万 km²。水库设计洪水位 327.5 m,相应库容 10.3 亿 m³,万年一遇校核洪水位 331.8 m,蓄洪限制水位 323.0 m,相应库容 8.1 亿 m³,正常蓄水位 319.5 m,相应库容 13.2 亿 m³。汛期 8 月 21 日起水库水位可以向后汛期汛限水位过渡;10 月 21 日起可以向正常蓄水位过渡。

表 2-11　小浪底水库 2000 年 1 月至 2018 年 12 月坝前运用水位特征值

（单位：m）

年份	水位	1月	2月	3月	4月	5月	6月	7月	8月	9月	10月	11月	12月	年均
2000	平均	206.12	206.32	207.73	209.06	207.01	196.63	199.44	209.50	220.87	230.55	234.19	234.08	213.46
	最高	206.38	207.84	208.12	210.49	209.74	202.55	203.70	217.17	224.45	234.38	234.74	234.39	234.74
	最低	205.58	205.89	207.22	207.24	202.64	192.42	193.33	203.50	217.35	224.69	233.75	233.50	192.42
2001	平均	232.03	233.20	234.17	225.93	218.80	208.87	196.55	203.82	219.85	224.87	228.78	235.25	221.76
	最高	233.99	234.65	234.65	232.06	223.60	213.73	204.33	214.13	223.97	225.44	233.21	236.24	236.24
	最低	231.13	232.23	232.06	223.22	213.73	204.33	191.44	195.77	214.13	223.91	224.80	233.21	191.44
2002	平均	235.46	239.45	236.20	232.58	230.58	233.67	225.62	213.32	210.30	211.13	211.23	218.58	224.76
	最高	237.82	240.77	240.81	233.30	232.98	236.15	236.56	216.61	213.86	213.78	213.18	221.22	240.81
	最低	234.76	237.82	233.30	231.87	228.93	232.82	216.61	210.82	208.24	208.81	209.24	213.18	208.24
2003	平均	221.44	225.57	229.32	229.90	228.01	222.97	219.43	228.27	249.48	262.07	260.56	259.35	236.40
	最高	223.14	229.15	229.96	230.71	229.94	226.03	221.41	238.03	254.74	265.56	264.23	259.99	265.56
	最低	221.01	223.14	228.94	229.31	226.03	219.31	217.92	221.17	238.03	254.01	258.31	257.81	217.92
2004	平均	257.09	258.56	260.82	260.60	256.44	248.01	227.67	223.53	229.19	240.58	243.95	248.88	246.22
	最高	257.60	260.16	261.97	261.96	258.58	254.28	236.49	225.02	236.55	242.20	246.67	250.96	261.97
	最低	256.87	256.98	260.13	258.58	254.28	236.31	223.80	218.79	220.83	236.55	241.94	246.67	218.79

续表 2-11

年份	水位	1月	2月	3月	4月	5月	6月	7月	8月	9月	10月	11月	12月	年均
2005	平均	250.96	252.57	256.35	258.60	254.14	244.18	221.61	226.62	240.05	254.94	257.11	258.46	247.91
	最高	251.52	254.92	258.10	259.51	257.03	252.28	225.15	234.68	246.87	257.29	258.95	259.02	259.51
	最低	250.68	251.51	254.92	257.03	252.27	224.92	219.45	222.41	234.68	246.87	255.34	257.53	219.45
2006	平均	257.76	261.12	261.52	262.20	259.74	244.11	223.63	223.44	235.26	243.88	243.52	245.30	246.68
	最高	259.20	262.08	263.26	263.25	261.78	257.29	225.10	228.34	241.89	244.75	244.38	245.85	263.26
	最低	257.03	259.20	261.09	261.67	257.29	223.24	222.25	220.96	228.34	241.89	242.96	244.38	220.96
2007	平均	245.71	249.87	253.49	253.40	249.00	241.62	224.34	224.36	236.54	246.09	249.05	252.00	243.79
	最高	247.47	252.14	256.15	255.53	250.96	246.16	227.74	227.91	242.04	248.01	250.98	252.90	256.15
	最低	244.70	247.64	252.26	251.10	246.32	226.79	223.18	218.83	228.86	242.33	246.59	250.93	218.83
2008	平均	251.00	250.57	249.36	250.98	250.79	242.80	220.96	223.76	234.66	240.61	242.90	244.80	241.93
	最高	251.40	251.20	252.50	252.30	251.90	248.70	225.10	230.20	238.70	241.60	245.00	245.50	252.50
	最低	250.60	250.00	248.00	250.20	249.00	226.60	218.80	220.10	230.60	239.10	241.00	243.40	218.80
2009	平均	242.01	239.50	239.76	244.38	247.43	245.24	218.21	220.11	237.40	242.42	239.82	240.29	238.05
	最高	243.23	241.02	243.05	246.70	247.96	250.34	225.37	226.54	243.55	243.56	240.66	240.41	250.34
	最低	240.45	237.23	237.33	242.80	246.79	226.15	216.00	217.54	228.38	240.53	239.01	240.15	216.00

续表 2-11

年份	水位	1月	2月	3月	4月	5月	6月	7月	8月	9月	10月	11月	12月	年均
2010	平均	239.36	240.54	238.94	243.30	247.54	245.88	218.04	220.38	239.97	248.56	248.86	250.92	240.19
	最高	240.14	241.69	240.54	247.38	248.82	250.83	228.01	231.10	247.53	249.57	249.75	251.71	251.71
	最低	238.98	239.39	238.03	240.04	246.48	231.12	213.86	211.65	231.18	247.26	248.18	249.76	211.65
2011	平均	250.51	250.81	248.62	250.44	248.60	245.30	220.32	224.25	246.67	263.42	264.69	266.86	248.37
	最高	250.80	251.30	250.54	250.67	249.78	248.69	225.67	229.02	263.18	263.88	265.68	267.83	267.83
	最低	250.14	249.59	247.56	249.98	248.00	228.55	215.01	219.85	229.57	263.07	263.47	265.15	215.01
2012	平均	263.35	263.90	263.96	264.50	258.66	246.46	220.01	227.05	255.47	265.25	269.50	266.27	255.37
	最高	264.88	265.30	265.12	265.55	262.40	253.16	223.95	240.16	262.99	268.14	270.10	268.39	270.10
	最低	262.30	262.39	263.20	262.61	253.58	226.77	213.87	211.55	240.98	262.70	268.30	263.99	211.55
2013	平均	262.68	262.96	263.25	259.87	252.63	245.80	224.43	233.63	248.21	255.54	253.78	255.58	251.53
	最高	263.75	263.18	264.08	262.68	255.95	251.37	231.91	239.74	256.00	256.83	254.35	256.57	264.08
	最低	262.10	262.68	262.73	256.32	250.50	228.66	212.10	229.59	240.26	253.85	253.28	253.70	212.10
2014	平均	256.78	259.85	257.64	250.20	246.64	242.21	227.42	227.16	245.26	263.98	267.75	269.01	251.16
	最高	257.93	260.89	260.87	253.33	248.57	245.52	235.11	233.13	258.61	266.89	268.93	269.85	269.85
	最低	256.00	258.07	253.74	248.76	245.35	236.89	222.11	224.09	233.66	259.11	266.98	267.85	222.11

续表 2-11

年份	水位	1月	2月	3月	4月	5月	6月	7月	8月	9月	10月	11月	12月	年均
2015	平均	268.00	269.78	266.53	262.90	258.49	250.25	233.58	229.88	233.81	241.15	245.90	251.22	250.96
	最高	269.22	270.02	269.35	263.59	261.91	254.00	244.57	231.05	238.63	243.55	247.94	253.13	270.02
	最低	267.48	269.35	263.81	262.11	254.26	245.31	229.27	229.18	230.98	238.77	243.79	248.02	229.18
2016	平均	253.00	254.34	253.32	247.83	243.21	241.69	237.74	239.87	246.44	250.20	251.95	255.20	247.90
	最高	253.31	255.13	255.11	251.50	244.87	243.42	238.98	243.29	249.94	251.02	253.28	257.59	257.59
	最低	252.74	253.20	251.72	244.92	241.66	238.53	236.61	237.85	243.35	249.72	251.11	253.39	236.61
2017	平均	259.32	261.65	260.76	256.49	250.31	243.41	239.01	240.21	249.68	260.29	266.05	267.07	254.52
	最高	261.00	261.91	261.94	259.00	253.63	243.41	239.90	243.07	254.61	264.30	267.54	267.59	256.49
	最低	257.70	261.13	259.20	253.81	247.09	243.41	237.77	239.42	243.59	254.89	264.37	266.72	252.42
2018	平均	267.20	267.43	266.79	260.51	251.44	237.95	219.83	233.16	246.04	253.41	260.97	266.20	252.58
	最高	267.43	267.57	267.46	264.41	257.24	244.63	229.81	237.94	249.77	258.31	264.42	266.71	256.31
	最低	266.96	267.28	264.78	257.50	245.03	229.87	212.69	225.66	238.25	248.07	258.47	264.63	248.27
多年平均	平均	248.41	249.89	249.92	248.61	245.23	238.27	221.99	224.86	238.17	247.31	249.50	251.86	242.84
	最高	249.48	251.10	251.77	250.73	247.77	243.29	227.83	230.90	244.63	249.42	251.26	252.94	245.93
	最低	247.75	248.67	248.42	246.79	242.59	227.47	217.69	219.93	230.59	244.01	247.94	250.21	239.34

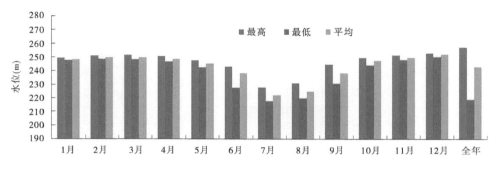

图 2-7　小浪底水库 2000～2018 年坝前运用水位特征值

2.2.8　故县水库

故县水库位于黄河支流洛河的中游,控制流域面积 0.54 万 km²,占洛河流域面积的 44.6%。该工程是以防洪为主,兼顾灌溉、供水、发电的综合利用工程。设计总库容 11.75 亿 m³,千年一遇设计洪水位 548.55 m,万年一遇校核洪水位 551.02 m,蓄洪限制水位 548.0 m,正常蓄水位 534.8 m。汛期 8 月 21 日起水库水位可以向后汛期汛限水位过渡, 10 月 21 日起可以向正常蓄水位过渡。

2.2.9　河口村水库

河口村水库位于黄河一级支流沁河最后一段峡谷出口处,下距五龙口水文站约 9 km,属河南省济源市克井乡,是控制沁河洪水、径流的关键工程,也是黄河下游防洪工程体系的重要组成部分。河口村坝址控制流域面积 0.92 万 km²,占沁河流域面积的 68.2%,占黄河小花间流域面积的 34%。工程开发任务以防洪、供水为主,兼顾灌溉、发电、改善河道基流等综合利用。水库设计洪水位、校核洪水位和蓄洪限制水位均为 285.43 m,相应库容 3.17 亿 m³,正常蓄水位 275.0 m,相应库容 2.51 亿 m³。水库汛期 7 月 1 日至 10 月 31 日,前汛期(7 月 1 日至 8 月 31 日)汛限水位 238.0 m,后汛期(9 月 1 日至 10 月 31 日)汛限水位 275.0 m。8 月 21 日起水库水位可以向后汛期汛限水位过渡。 水库拦沙期,水库调节库容较大,可以结合洪水预报相机排沙;当水库淤积平衡后,调节库容减小,为保证水库有效库容不被侵占,应适当延长水库排沙期。

2.3　现状水库对水沙过程的调节作用

水库的兴建改变了天然河道的输沙特性,调节了入库水沙过程,水库各时期的工程任务不同,其运用方式会发生相应改变,对进入下游河道的水沙条件产生较大影响。本节主要就龙羊峡水库、刘家峡水库、三门峡水库和小浪底水库对入库水沙的调节做出分析。

2.3.1　龙羊峡水库、刘家峡水库联合运用对水沙过程的调节作用

2.3.1.1　龙羊峡水库、刘家峡水库蓄泄特性分析

龙羊峡水库、刘家峡水库蓄、泄水情况见表 2-12。龙羊峡水库、刘家峡水库联合对黄

河水量进行多年调节,蓄存丰水年和丰水期水量,补充枯水年和枯水期水量。由表 2-12 可知,1968 年 11 月至 1986 年 10 月,刘家峡水库单库运用期间,汛期最大蓄水量 44.9 亿 m³,平均蓄水量 27.9 亿 m³,其中 7~8 月平均蓄水量为 12.3 亿 m³;非汛期平均泄水量为 26.7 亿 m³。1986 年 11 月龙羊峡水库投入运用后,龙羊峡水库、刘家峡水库联合调节,1986 年 11 月至 2013 年 10 月龙羊峡水库汛期最大蓄水量 117.2 亿 m³,平均蓄水量 45.1 亿 m³,其中 7~8 月平均蓄水量为 26.9 亿 m³,非汛期平均泄水量为 31.5 亿 m³;同时期,刘家峡水库汛期最大蓄水量 20.5 亿 m³,平均蓄水量 5.7 亿 m³,其中 7~8 月平均蓄水量为 4.6 亿 m³,非汛期平均泄水量为 5.1 亿 m³;两个水库汛期平均蓄水量合计 50.8 亿 m³,其中 7~8 月平均蓄水量为 31.5 亿 m³。

表 2-12   龙羊峡水库、刘家峡水库蓄、泄水情况(+蓄水,−泄水)   (单位:亿 m³)

水库	时间 (运用年)	统计指标	11 月至 次年 6 月	7~10 月	7~8 月	11 月至 次年 10 月
龙羊峡	1986 年 11 月至 2013 年 10 月	平均	−31.5	45.1	26.9	13.6
		汛期最大蓄水量		117.2	69.8	
		非汛期最大泄水量	−60.7			
刘家峡	1968 年 11 月 至 1986 年 10 月	平均	−26.7	27.9	12.3	1.2
		汛期最大蓄水量		44.9	26.9	
		非汛期最大泄水量	−42.7			
	1986 年 11 月至 2013 年 10 月	平均	−5.1	5.7	4.6	0.6
		汛期最大蓄水量		20.5	14	
		非汛期最大泄水量	−17.6			

2.3.1.2   龙羊峡水库、刘家峡水库联合运用对宁蒙河段水沙过程的影响

龙羊峡水库、刘家峡水库联合调蓄运用改变了黄河径流年内分配及过程:一方面,水库汛期拦蓄部分水沙量,把水量调节到非汛期下泄,改变了下游河道来水来沙的年内、年际间分配关系;另一方面,在调节径流的过程中,削减了进入下游河道的洪峰、洪量。

根据龙羊峡入库实测水沙资料,考虑龙羊峡水库、刘家峡水库水量蓄泄及库区冲淤,对下河沿站水沙过程进行还原。还原前后下河沿站水沙量及汛期不同流量级水沙量统计分别见表 2-13、表 2-14。还原后 1968 年 11 月至 1986 年 10 月下河沿站汛期水量比例由 53.1% 增加到 61.9%,1986 年 11 月至 2013 年 10 月下河沿汛期水量比例由 42.8% 增加到 60.9%,汛期水量比例可以恢复到天然状态;从径流过程看,还原后 1968~1986 年下河沿站 2 000 m³/s 以上流量出现天数可增加 13.4 d,1987~2013 年下河沿站 2 000 m³/s 以上流量出现天数可增加 24.0 d,龙羊峡水库、刘家峡水库联合调蓄减少了进入下游河道的大流量过程,不利于下游河道泥沙输送。

表 2-13　龙羊峡水库、刘家峡水库联合运用对下河沿站水量特征值影响统计

还原前后	时间（运用年）	水量（亿 m³）			水量比例（%）		
		11 月至次年 6 月	7~10 月	运用年	11 月至次年 6 月	7~10 月	运用年
还原前①	1919 年 11 月至 1968 年 10 月	120.9	193.0	313.9	38.5	61.5	100.0
	1968 年 11 月至 1986 年 10 月	149.6	169.1	318.7	46.9	53.1	100.0
	1986 年 11 月至 2013 年 10 月	146.2	109.3	255.5	57.2	42.8	100.0
	1968 年 11 月至 2013 年 10 月	147.6	133.2	280.8	52.6	47.4	100.0
还原后②	1968 年 11 月至 1986 年 10 月	121.3	197.5	318.8	38.1	61.9	100.0
	1986 年 11 月至 2013 年 10 月	109.6	165.1	274.7	39.9	60.1	100.0
	1968 年 11 月至 2013 年 10 月	114.3	178.0	292.3	39.1	60.9	100.0
②-①	1968 年 11 月至 1986 年 10 月	-28.3	28.4	0.1	-8.9	8.9	0
	1986 年 11 月至 2013 年 10 月	-36.6	55.8	19.2	-17.3	17.3	0
	1968 年 11 月至 2013 年 10 月	-33.3	44.8	11.5	-13.5	13.5	0

2.3.1.3　龙羊峡水库、刘家峡水库联合运用改变了黄河中下游径流年内分配及过程

龙羊峡水库、刘家峡水库联合运用改变了进入宁蒙河段的水沙条件，改变了黄河上游径流的年内分配比例，汛期比重减少，大流量相应的天数及水量大幅减小。黄河流域 60%的水量来自于黄河上游，龙羊峡水库、刘家峡水库联合运用对黄河上游径流年内分配及过程的影响必然反映在中下游。

表 2-15 给出了黄河干流主要控制站实测水量年内分配不同时段的对比情况。可以看出，黄河干流花园口水文站以上，1968 年以前，汛期水量一般可占年水量的 60%左右，1986 年以来普遍降到了 43%以下，且最大月水量与最小月水量比值也逐步缩小。2000 年小浪底水库投入运用以来，下游花园口断面汛期来水比例仅为 38%，考虑小浪底水库调节的影响，统计 6~10 月来水比例为 53%，与 1987~1999 年时段基本相同。

表 2-14　龙羊峡水库、刘家峡水库联合运用对下河沿站水沙过程影响统计

时段 (日历年)	项目	流量级	平均天数 (d)	平均水量 (亿 m³)	平均沙量 (亿 t)	平均 含沙量 (kg/m³)	天数 百分数 (%)	水量 百分数 (%)	沙量 百分数 (%)
1968～ 1986 年	还原前 ①	0～1 000	31.8	21.9	0.09	4.04	25.8	12.9	9.9
		1 000～2 000	60.7	71.4	0.44	6.16	49.4	42.2	49.2
		2 000～3 000	20.1	42.8	0.20	4.65	16.4	25.3	22.3
		3 000～4 000	8.6	25.8	0.14	5.26	7.0	15.2	15.2
		>4 000	1.8	7.2	0.03	4.37	1.5	4.3	3.5
		>2 000	30.5	75.8	0.37	4.83	24.8	44.8	40.9
	还原后 ②	0～1 000	16.2	11.5	0.05	3.99	13.1	5.8	3.4
		1 000～2 000	62.9	78.1	0.51	6.58	51.2	39.5	37.8
		2 000～3 000	30.4	63.5	0.39	6.11	24.7	32.1	28.6
		3 000～4 000	9.5	27.9	0.28	10.04	7.7	14.1	20.6
		>4 000	4.0	16.6	0.13	7.92	3.3	8.4	9.7
		>2 000	43.9	108.0	0.80	7.41	35.7	54.7	58.8
	②-①	0～1 000	-15.6	-10.4	-0.04	-0.05	-12.7	-7.1	-6.5
		1 000～2 000	2.2	6.6	0.07	0.42	1.8	-2.7	-11.4
		2 000～3 000	10.3	20.7	0.19	1.46	8.4	6.8	6.3
		3 000～4 000	0.9	2.1	0.14	4.78	0.8	-1.1	5.4
		>4 000	2.2	9.4	0.10	3.55	1.8	4.1	6.2
		>2 000	13.4	32.2	0.43	2.57	10.9	9.9	17.9
1987～ 2013 年	还原前 ③	0～1 000	69.6	47.4	0.17	3.62	56.5	43.4	34.7
		1 000～2 000	49.7	53.2	0.28	5.30	40.4	48.7	56.8
		2 000～3 000	2.3	4.9	0.03	6.11	1.9	4.5	6.0
		3 000～4 000	1.4	3.8	0.01	3.25	1.1	3.5	2.5
		>4 000	0	0	0	0	0	0	0
		>2 000	3.7	8.7	0.04	4.86	3.0	7.9	8.5
	还原后 ④	0～1 000	27.9	18.9	0.08	4.24	22.7	11.5	10.2
		1 000～2 000	67.3	82.9	0.39	4.70	54.7	50.2	49.6
		2 000～3 000	21.4	44.0	0.18	4.03	17.4	26.7	22.6
		3 000～4 000	5.4	16.1	0.11	6.64	4.4	9.8	13.6
		>4 000	0.9	3.2	0.03	9.66	0.7	1.9	3.9
		>2 000	27.7	63.3	0.32	4.98	22.6	38.3	40.2
	④-③	0～1 000	-41.6	-28.5	-0.09	0.62	-33.8	-32.0	-24.4
		1 000～2 000	17.6	29.7	0.11	-0.60	14.3	1.5	-7.2
		2 000～3 000	19.1	39.2	0.15	-2.08	15.5	22.2	16.6
		3 000～4 000	4.1	12.3	0.09	3.39	3.3	6.3	11.2
		>4 000	0.9	3.2	0.03	9.66	0.7	1.9	3.9
		>2 000	24.0	54.6	0.27	0.12	19.5	30.4	31.7

表 2-15　黄河干流主要控制站汛期水量占全年水量比例统计　　　　（%）

时段（日历年）	下河沿	头道拐	龙门	潼关
1919～1968 年	61.9(1950～1968 年)	62.5	60.7	60.7
1969～1986 年	54.4	54.8	53.8	53.8
1987～1999 年	39.6	40.0	42.9	42.9
2000～2013 年	40.2	38.6	41.0	41.0

　　统计潼关水文站汛期日均流量过程，1987 年以来，2 000 m³/s 以下流量级历时大大增加，相应水量、沙量所占汛期的比例也明显提高。1960～1968 年日均流量小于 2 000 m³/s 出现天数占汛期的比例为 36.2%，水量、沙量占汛期的比例分别为 18.1%、14.6%（见图 2-8）；1969～1986 年该流量级出现天数占汛期的比例为 61.5%，相应水量、沙量占汛期的比例分别为 36.7%、28.9%，与 1960～1968 年相比略有提高；1987～1999 年该流量级出现天数占汛期的比例增加至 87.8%，相应水量、沙量占汛期的比例分别为 69.5%、47.9%；2000～2016 年该流量级出现天数比例增为 91.8%，相应水量、沙量占汛期的比例分别为 76.9%、68.1%。

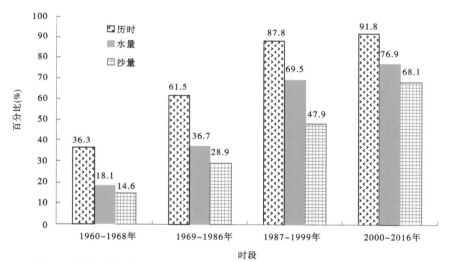

图 2-8　潼关水文站不同时期汛期 2 000 m³/s 以下流量级水沙特征值分析

2.3.2　三门峡水库对入库水沙的调节作用

　　1960 年 9 月三门峡水库蓄水拦沙运用，水库运用经历了蓄水拦沙、滞洪排沙和蓄清排浑三个运用阶段，不同运用阶段对水沙的调节作用也不同。

　　蓄水拦沙期，主要体现在：一是洪峰流量大幅度削减，洪量减少；二是中小流量级历时增长，流量过程趋于均匀化；三是水库拦粗排细，年均入库（潼关站）沙量为 13.6 亿 t，年均出库（三门峡站）沙量为 7.16 亿 t，水库排沙比为 52.6%，出库沙量尤其是粗泥沙大大减小。

滞洪排沙期,主要体现在:一是改变了泥沙的年内分配,非汛期沙量大大增加;二是洪峰流量削减幅度仍然较大;三是小水带大沙。

蓄清排浑运用期(1973 年 11 月至 1999 年 10 月),进入下游的水沙特点既不同于蓄水拦沙期,也不同于滞洪排沙期,对水沙过程的改变主要体现在:①非汛期 8 个月水库基本下泄清水,流量过程有所调平,每年的 3 月、4 月上游来的桃汛洪水被水库拦蓄,而汛期水库为尽快降低潼关高程,降低水位运用,也就是说,4 个月基本排泄全年泥沙,形成非汛期 8 个月清水,汛期 4 个月浑水,清、浑水交替出现的过程。②水库排沙比较大的流量级提高,水沙过程的搭配情况较滞洪排沙期有所改善,但非汛期水库淤积的泥沙主要集中在汛初小水时排沙,汛初小流量时常泄空排沙,使小水挟带大量泥沙进入下游,水沙关系不匹配。③高含沙洪水通过水库进入下游,入库含沙量变化不大,但洪峰仍有削减。④水库已有的泄流排沙设施由于种种原因不能全部使用,一般仅达到设计能力的 80%~90%,超过 5 000 m³/s 的洪水,水库仍有自然削峰,但比前两个时期已经大大减弱。

蓄清排浑控制运用期(1999 年 10 月至今):1999 年 10 月小浪底水库投入运用后,三门峡水库承担的防洪、防凌、灌溉和调沙减淤任务有所改变。在大水年份和严重的凌汛年份,必须配合小浪底水库分担防洪和防凌;一般年份在减轻水库淤积的前提下,充分发挥三门峡水库的效益。

三门峡水库不同时段实测入出库水沙量见表 2-16,可以看出,1973 年 11 月蓄清排浑运用以来,汛期入库沙量占全年沙量比例为 68.2%~86.1%,出库比例增加至 93.0%~97.3%,即非汛期淤积的泥沙通过汛期调节出库。水库淤积泥沙在 2002 年以前,在汛初和洪水期排沙;2002 年以后与小浪底水库联合调水调沙运用,泥沙在调水调沙期或洪水期间排出。

表 2-16　三门峡水库不同时段实测入出库水沙量

项目	时段	潼关			三门峡		
		汛期	全年	汛期占比(%)	汛期	全年	汛期占比(%)
水量(亿 m³)	1960 年 11 月至1964 年 10 月	302.51	500.84	60.4	288.02	506.81	56.8
	1964 年 11 月至1973 年 10 月	205.24	382.71	53.6	207.55	390.91	53.1
	1973 年 11 月至1980 年 10 月	212.01	371.06	57.1	211.17	370.75	57.0
	1980 年 11 月至1985 年 10 月	270.21	442.78	61.0	268.43	443.00	60.6
	1985 年 11 月至1999 年 10 月	120.47	264.02	45.6	118.11	260.17	45.4
	1999 年 11 月至2018 年 10 月	113.13	235.47	48.05	108.67	223.62	48.6

续表 2-16

项目	时段	潼关			三门峡		
		汛期	全年	汛期占比（%）	汛期	全年	汛期占比（%）
沙量（亿 t）	1960 年 11 月至 1964 年 10 月	12.02	14.33	83.9	4.08	5.54	73.6
	1964 年 11 月至 1973 年 10 月	12.07	14.40	83.8	12.70	16.16	78.6
	1973 年 11 月至 1980 年 10 月	10.22	11.88	86.1	12.01	12.34	97.3
	1980 年 11 月至 1985 年 10 月	6.93	8.47	81.8	9.29	9.64	96.4
	1985 年 11 月至 1999 年 10 月	5.83	7.77	75.1	7.28	7.69	94.7
	1999 年 11 月至 2018 年 10 月	1.82	2.66	68.2	2.75	2.96	93.0

2.3.3 小浪底水库对入库水沙的调节作用

小浪底水库运用以来，水库运用调节改变了水量的年内分配，汛期水库蓄水，减小下泄水量，非汛期补水增加下泄水量，小浪底水库实测入出库水沙量见表 2-17。1999 年 11 月至 2018 年 10 月水库运用后，入库大部分泥沙淤积在库区。1999 年 11 月至 2018 年 10 月，入库平均年沙量为 3.05 亿 t，出库平均年沙量为 0.77 亿 t，水库排沙比为 25.2%。

表 2-17 小浪底水库实测入出库水沙量

项目	运用年	三门峡站			小浪底站		
		汛期	全年	汛期占比（%）	汛期	全年	汛期占比（%）
水量（亿 m³）	1999 年 11 月至 2000 年 10 月	67.18	167.18	40.2	38.42	141.20	27.2
	2000 年 11 月至 2001 年 10 月	53.84	134.77	39.9	42.03	165.53	25.4
	2001 年 11 月至 2002 年 10 月	50.43	158.51	31.8	86.87	194.62	44.6
	2002 年 11 月至 2003 年 10 月	146.86	216.73	67.8	88.01	160.49	54.8
	2003 年 11 月至 2004 年 10 月	66.66	179.85	37.1	69.57	251.06	27.7
	2004 年 11 月至 2005 年 10 月	104.73	207.83	50.4	67.05	206.16	32.5

续表 2-17

项目	运用年	三门峡站			小浪底站		
		汛期	全年	汛期占比（%）	汛期	全年	汛期占比（%）
水量（亿 m³）	2005 年 11 月至2006 年 10 月	87.51	221.00	39.6	71.55	265.36	27.0
	2006 年 11 月至2007 年 10 月	122.06	227.77	53.6	100.77	235.55	42.8
	2007 年 11 月至2008 年 10 月	80.02	218.12	36.7	59.29	235.63	25.2
	2008 年 11 月至2009 年 10 月	85.02	220.46	38.6	66.64	211.99	31.4
	2009 年 11 月至2010 年 10 月	119.73	252.99	47.3	102.93	250.41	41.1
	2010 年 11 月至2011 年 10 月	125.33	234.61	53.4	81.11	230.33	35.2
	2011 年 11 月至2012 年 10 月	211.99	358.24	59.2	151.83	384.21	39.5
	2012 年 11 月至2013 年 10 月	174.29	319.67	54.5	133.74	369.17	36.2
	2013 年 11 月至2014 年 10 月	111.71	229.60	48.7	60.54	218.46	27.7
	2014 年 11 月至2015 年 10 月	56.02	183.80	30.5	62.74	251.03	25.0
	2015 年 11 月至2016 年 10 月	71.65	158.01	45.3	58.12	163.86	35.5
	2016 年 11 月至2017 年 10 月	88.29	180.82	48.8	46.00	171.47	26.8
	2017 年 11 月至2018 年 10 月	241.43	376.53	64.1	221.89	431.89	54.1
	1999 年 11 月至2018 年 10 月平均	108.67	223.50	48.6	84.69	238.86	34.7
沙量（亿 t）	1999 年 11 月至2000 年 10 月	3.17	3.41	93.0	0.04	0.04	100.0
	2000 年 11 月至2001 年 10 月	2.94	2.94	100.0	0.23	0.23	100.0
	2001 年 11 月至2002 年 10 月	3.49	4.48	78.1	0.73	0.74	98.6
	2002 年 11 月至2003 年 10 月	7.76	7.76	99.9	1.11	1.15	96.5
	2003 年 11 月至2004 年 10 月	2.72	2.72	100.0	1.42	1.42	100.0

续表 2-17

项目	运用年	三门峡站			小浪底站		
		汛期	全年	汛期占比（%）	汛期	全年	汛期占比（%）
沙量（亿 t）	2004 年 11 月至2005 年 10 月	3.62	4.08	88.7	0.43	0.45	96.6
	2005 年 11 月至2006 年 10 月	2.08	2.32	89.7	0.33	0.40	82.5
	2006 年 11 月至2007 年 10 月	2.51	3.12	80.5	0.52	0.71	73.2
	2007 年 11 月至2008 年 10 月	0.74	1.34	55.2	0.25	0.46	54.3
	2008 年 11 月至2009 年 10 月	1.62	1.98	81.8	0.03	0.04	75.0
	2009 年 11 月至2010 年 10 月	3.50	3.51	99.7	1.09	1.09	100.00
	2010 年 11 月至2011 年 10 月	1.75	1.75	100.00	0.33	0.33	100.0
	2011 年 11 月至2012 年 10 月	3.33	3.33	100.00	1.30	1.30	100.0
	2012 年 11 月至2013 年 10 月	3.95	3.96	99.7	1.42	1.42	100.0
	2013 年 11 月至2014 年 10 月	1.39	1.39	100.0	0.27	0.27	100.0
	2014 年 11 月至2015 年 10 月	0.50	0.50	100.0	0	0	100.0
	2015 年 11 月至2016 年 10 月	1.12	1.12	100.0	0	0	—
	2016 年 11 月至2017 年 10 月	4.84	5.28	91.7	0	0	—
	2017 年 11 月至2018 年 10 月	2.75	2.96	92.9	4.64	4.64	100.0
	1999 年 11 月至2018 年 10 月平均	2.83	3.05	92.8	0.74	0.77	96.1

小浪底水库历年入出库各级流量出现天数及水沙量见表 2-18。经小浪底水库调节后，主汛期（7 月 11 日至 9 月 30 日）小浪底水库出库 800～2 600 m³/s 流量级的天数较入库明显减少，出库流量两级分化，其中水库泥沙主要通过 2 000 m³/s 以上流量级排出，出库沙量占主汛期的 54.0%。由于汛前进行调水调沙，全年出库大流量（2 600 m³/s 以上）天数较入库增加 67.6%，相应水量较入库增加 69.8%。

表 2-18　小浪底水库入出库水沙分级统计

时段	流量级（m³/s）	入库各级流量出现天数及水沙量				出库各级流量出现天数及水沙量			
		出现天数（d）	出现概率（%）	水量（亿 m³）	沙量（亿 t）	出现天数（d）	出现概率（%）	水量（亿 m³）	沙量（亿 t）
1~12 月	0~800	262.6	71.9	101.43	0.37	255.2	69.9	102.73	0.06
	800~2 000	88.6	24.2	86.06	1.06	92.0	25.2	87.03	0.16
	2 000~2 600	7.3	2.0	14.10	0.88	6.7	1.8	13.10	0.22
	2 600 以上	6.8	1.9	19.23	0.72	11.4	3.1	32.65	0.19
	合计	365.3	100.0	220.82	3.03	365.3	100.0	235.51	0.63
7 月 11 日至 9 月 30 日	0~800	40.1	48.9	14.64	0.27	63.6	77.5	23.27	0.05
	800~2 000	31.3	38.1	34.14	0.69	13.7	16.7	14.15	0.12
	2 000~2 600	5.9	7.2	11.30	0.65	2.4	2.9	4.53	0.12
	2 600 以上	4.8	5.8	13.45	0.45	2.4	2.9	5.95	0.08
	合计	82.1	100.0	73.53	2.06	82.1	100.0	47.90	0.37

2.4　水库冲淤对水沙调控的响应

2.4.1　龙羊峡水库

2.4.1.1　水库库容变化

龙羊峡水库下闸蓄水后,分别于 1995 年和 2017 年开展过库区测量,其中 1995 年测量仅包含水下地形(2 565 m 以下),2017 年库区库容测量实现了水库水下、水上地形的全覆盖,测量结果较为真实可靠。与原始库容相比,2017 年实测各高程下库容均有所减少,水库淤积主要发生在 2 550 m 高程以下。与原始库容相比,2017 年龙羊峡水库实测正常蓄水位以下库容减少 0.13 亿 m³,死水位以下库容减小 10.8 亿 m³,调节库容增加 6.67 亿 m³,防洪库容增加 2.87 亿 m³,调洪库容增加 4.54 亿 m³。与设计库容(原始库容考虑 50 年淤积)相比,防洪库容增加 0.98 亿 m³,调洪库容增加 0.99 亿 m³。龙羊峡水库库容见表 2-19。

2.4.1.2　水库淤积变化

根据龙羊峡水库实测库区淤积纵剖面(见图 2-9),龙羊峡水库蓄水运用以来水库纵向淤积基本呈带状淤积形态。库区沿程出现 3 个波峰状凸起形态,原因分别为库 04 断面处滑坡体堆积、推移,大量泥沙富集于库底,形成高于上下游地形地势;第二个波峰为库 14 区段左岸沙漠来沙大量入库,形成扇面性隆起地形;第三个波峰为库 32 区段回水淤积所致;拉干峡至羊曲水电站尾水段(库 32 断面以上)基本呈现自然河道,局部区段存在少

表 2-19　龙羊峡水库库容　　　　　　　　（单位:亿 m³）

高程 (m)	原始库容 ①	设计库容 (原始+淤积 50年)②	1995年 实测库容 ③	2017年 实测库容 ④	库容变化量	
					④-①	④-②
2 442	0		0	0	0	
2 450	0.01		0	0	-0.01	
2 460	0.08		0	0	-0.08	
2 470	0.76		0	0	-0.76	
2 480	2.85		1.03	0.38	-2.47	
2 490	6.82		4.63	3.56	-3.26	
2 500	13.46		10.2	9.17	-4.29	
2 510	23.6		17.86	16.92	-6.68	
2 520	37.1		29.53	27.93	-9.17	
2 530	53.43	42.5	44.85	42.63	-10.8	0.13
2 540	72.13	57.89	63.04	60.04	-12.09	2.15
2 550	93.36	76.42	84.53	81.13	-12.23	4.71
2 560	117.79	98.36	109.51	105.79	-12	7.43
2 565	131.55	110.66	123.42	119.4	-12.15	8.74
2 570	145.3	122.95		133.87	-11.43	10.92
2 580	176.06	151.24		166.11	-9.95	14.87
2 590	210.11	183.4		202.81	-7.3	19.41
2 600	246.98	222.85		242.85	-4.13	20
2 607	274.49	252.36		272.62	-1.87	20.26
2 610	286.28	265		285.78	-0.5	20.78
死库容 (2 530以下)	53.43	42.50	44.85	42.63	-10.8	0.13
调节库容 (2 530~2 600)	193.55	180.35		200.22	6.67	19.87
防洪库容 (2 594~2 602.25)	30.96	32.85		33.83	2.87	0.98
调洪库容 (2 594~2 607)	49.63	53.18		54.17	4.54	0.99

量冲刷或淤积。统计龙羊峡水库不同库区分段淤积情况(见表 2-20),可以看出龙羊峡库区库 32 断面以上河道比降大,流速急,基本呈现原始河道状态,因此龙羊峡水库蓄水以来,水库淤积主要集中在库 32 断面以下(河底高程低于 2 570 m)。

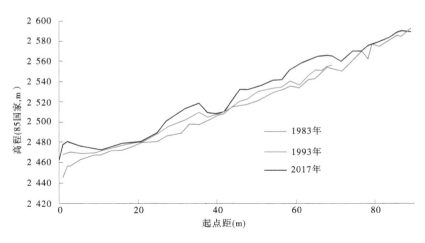

图 2-9　龙羊峡水库实测库区淤积纵剖面图

表 2-20　龙羊峡水库不同库区分段淤积情况

库区段	河底淤积面宽度(m)	平均淤积厚度(m)
大坝至库 04 断面	1 000	23.7
库 04 至库 11 断面	500	5
库 11 至库 17 断面	1 200	19
库 17 至库 20 断面	1 300	4.4
库 20 至库 26 断面	1 000	15
库 26 至库 32 断面	1 000	20
库 32 至库 42 断面	呈现原始河道状态,落差大,流速急,区间长度约 16 km,比降约 1.5‰	

2.4.2　刘家峡水库

刘家峡水库原始库容为 57 亿 m³,自 1968 年 10 月蓄水运用以来,库区持续淤积,至 2013 年,累计淤积泥沙 16.87 亿 m³,剩余库容 40.13 亿 m³,库容淤积损失 29.6%。其中,1968～1988 年,水库累计淤积泥沙 11.23 亿 m³,年均淤积泥沙 0.56 亿 t;1988～2003 年累计淤积泥沙 5.09 亿 m³,年均淤积泥沙 0.34 亿 t;2003～2013 年淤积泥沙 0.55 亿 m³,年均淤积泥沙 0.06 亿 m³。

总体来看,1988 年以前,水库淤积较快;1988 年之后,由于上游龙羊峡等梯级水库拦沙、水土保持措施生效及区域植被逐步恢复等多种因素影响,使得进入刘家峡水库的沙量大幅度减少,水库淤积速率逐渐减缓;同时,刘家峡水库加强了泥沙观测及异重流排沙等工作,从而大幅度减缓了水库的淤积速度。

2.4.3 海勃湾水库

2.4.3.1 水库库容变化

黄河勘测规划设计研究院有限公司于 2016 年 7 月、2019 年 3 月和 11 月,对海勃湾水库库区 31.0 km 范围内 37 个断面进行测量,测量断面位置参照初设阶段采用的 2007 年测量 1:5 000 的断面,采用断面法计算水库库容曲线。海勃湾水库运用以来,截至 2019 年 11 月,库区 1 076 m 高程以下总库容减少 1.907 亿 m³;2019 年 3~11 月,库容减少 0.409 亿 m³,见表 2-21。

表 2-21　海勃湾水库历次测量水库库容对比　　　　　　（单位:亿 m³）

高程（m）	2007 年原始库容①	2016 年 7 月库容②	2019 年 3 月库容③	2019 年 11 月库容④	库容减少量			2019 年 3~11 月库容减少量③-④
					截至 2016 年 7 月①-②	截至 2019 年 3 月①-③	截至 2019 年 11 月①-④	
1 064	0.002	0.002	0.006	0.002	0	−0.004	0	0.004
1 065	0.008	0.007	0.015	0.005	0.001	−0.007	0.003	0.010
1 066	0.027	0.016	0.029	0.010	0.011	−0.002	0.017	0.019
1 067	0.078	0.035	0.051 8	0.020	0.043	0.026 2	0.058	0.032
1 068	0.206	0.096	0.095	0.043	0.110	0.111	0.163	0.052
1 069	0.443	0.253	0.176	0.093	0.190	0.267	0.350	0.083
1 070	0.804	0.520	0.324	0.192	0.284	0.480	0.612	0.132
1 071	1.278	0.899	0.528	0.347	0.379	0.750	0.931	0.181
1 072	1.840	1.408	0.819	0.586	0.432	1.021	1.254	0.233
1 073	2.488	2.061	1.256	0.960	0.427	1.232	1.528	0.296
1 074	3.213	2.797	1.829	1.481	0.416	1.384	1.732	0.348
1 075	4.006	3.583	2.552	2.161	0.423	1.454	1.845	0.391
1 076	4.867	4.411	3.369	2.960	0.456	1.498	1.907	0.409

2.4.3.2 水库淤积变化

图 2-10 为历次测量期间库区淤积量沿程分布,图中"2007 年至 2019 年 11 月""2016 年 7 月至 2019 年 3 月""2019 年 3~11 月"分别指 2007 年至 2019 年 11 月、2016 年 7 月至 2019 年 3 月、2019 年 3~11 月期间库区淤积量。

由图 2-10 可知,水库运用至 2019 年 11 月,海勃湾水库沿程均为淤积,淤积主要发生在坝前 4.7 km(D6 断面)至 15.13 km(D18 断面)库段,该库段累计淤积 1.55 亿 m³,占库区总淤积量的 78.8%。

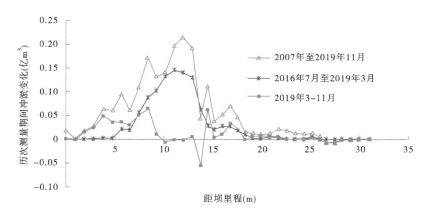

图 2-10　海勃湾水库库区淤积量沿程分布

2016 年 7 月至 2019 年 3 月,水库沿程均为淤积,坝前 4.7 km(D6 断面)至 15.13 km(D18 断面)库段累计淤积 0.945 亿 m³,占该时段库区总淤积量的 90.7%。

2019 年 3~11 月,水库淤积主要发生在距坝 8.3 km(D10 断面)范围内,该库段淤积量为 0.32 亿 m³,占该时段库区总淤积量的 78.2%。距坝 8.3~13.0 km 范围内库区发生冲刷,冲刷量为 0.06 亿 m³。距坝 13 km 以上范围内,库区淤积泥沙 0.14 亿 m³。

图 2-11 为海勃湾水库库区淤积形态变化图。与淤积量沿程分布特性相应,2019 年 3~11 月,距坝 8.3 km 范围内,淤积抬高。

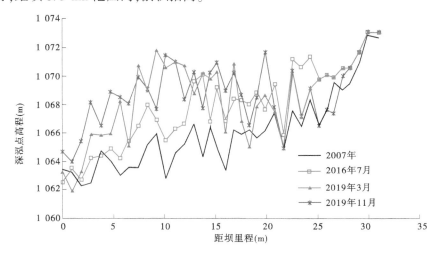

图 2-11　海勃湾水库库区淤积形态变化

海勃湾水库运用以来,典型横断面形态变化见图 2-12~图 2-14。与建库前相比,库区泥沙淤积抬升。2019 年 3~11 月,D2、D6 断面淤积抬升幅度较大。

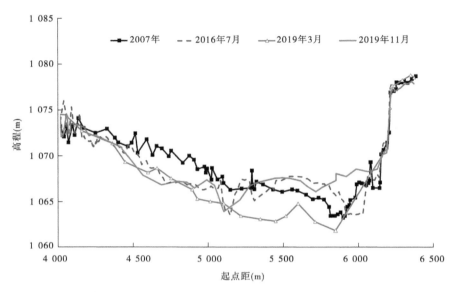

图 2-12　海勃湾水库距坝 0.93 km 处断面对比(D2 断面)

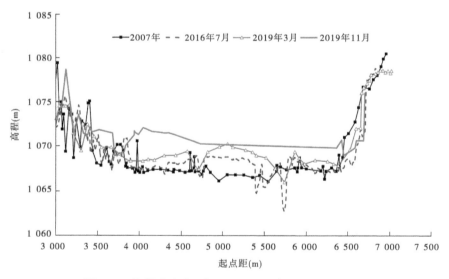

图 2-13　海勃湾水库距坝 4.75 km 处断面对比(D6 断面)

2.4.4　万家寨水库

1999 年 7~8 月,万家寨水库坝前淤积面高程达到 912 m,2001 年坝前淤沙高程已基本与排沙孔进口底坎高程持平,2010 年底水库基本达到设计泥沙淤积平衡状态。2011 年起,万家寨水库汛期基本按照汛限水位 966 m 控制运行,8 月、9 月水库转入 952~957 m 低水位排沙运行。截至 2019 年 5 月,最高蓄水位 980 m 以下库区淤积量为 3.35 亿 m³。万家寨水库干流淤积形态变化见图 2-15。

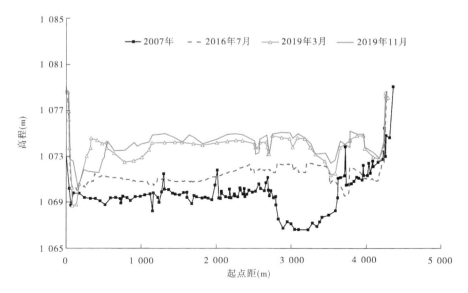

图 2-14　海勃湾水库距坝 12.90 km 处断面对比(D15 断面)

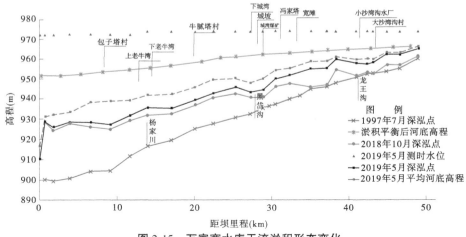

图 2-15　万家寨水库干流淤积形态变化

2.4.5　三门峡水库

2.4.5.1　水库库容变化

三门峡水库不同时期库容变化见图 2-16 和表 2-22。由图 2-16、表 2-22 可知,三门峡水库蓄水拦沙期结束后,1964 年 6 月高程 335 m 相应库容由 1960 年 4 月的 98.31 亿 m³,减少至 72.30 亿 m³。水库经历滞洪排沙后,1974 年 6 月高程 335 m 相应库容进一步降低至 59.64 亿 m³。蓄清排浑运用以来,2019 年 4 月高程 335 m 相应库容为 59.41 亿 m³,分别比 1974 年 6 月、1987 年 6 月的减少了 0.23 亿 m³ 和 0.33 亿 m³。总体来看,蓄清排浑运用以来,库区 335 m 高程以下有 58 亿 m³ 左右的有效库容长期保持。

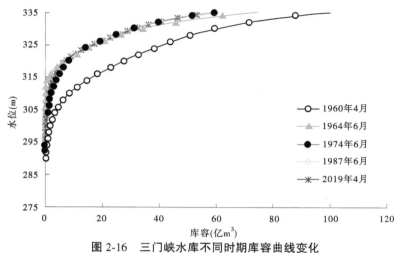

图 2-16　三门峡水库不同时期库容曲线变化

表 2-22　三门峡水库不同时期库容变化　　　　　　（单位：亿 m³）

水位 （m）	1960 年 4 月	1964 年 6 月	1974 年 6 月	1987 年 6 月	2019 年 4 月	不同时期库容变化		
						1960~2019 年	1974~2019 年	1987~2019 年
290	0.14	0	0	0	0	0.14	0	0
295	0.59	0	0.06	0.03	0	0.59	0.06	0.03
300	1.75	0	0.30	0.14	0.03	1.72	0.27	0.11
305	4.12	0	0.84	0.54	0.35	3.77	0.49	0.19
310	8.54	0.13	2.00	1.48	1.25	7.29	0.75	0.23
315	16.50	1.47	4.19	3.33	3.17	13.33	1.02	0.16
318	22.81	3.94	6.06	5.08	5.11	17.70	0.95	−0.03
320	27.56	6.82	7.81	7.14	7.21	20.35	0.60	−0.07
325	41.24	18.23	16.36	16.46	16.62	24.62	−0.26	−0.16
330	59.58	34.39	31.35	31.58	31.58	28.00	−0.23	0
335	98.31	72.30	59.64	59.74	59.41	38.90	0.23	0.33

2.4.5.2　水库淤积量变化

　　结合入库水沙条件及水库运用方式分别按以下时段进行冲淤变化分析,各时段的冲淤量见表 2-23,历年汛期、非汛期冲淤量见图 2-17。

表 2-23　三门峡水库运用以来潼关至三门峡分河段冲淤量统计　　　　　（单位：亿 m³）

时段	项目	坝址至黄淤22断面	黄淤22至黄淤30断面	黄淤30至黄淤36断面	黄淤36至黄淤41断面	坝址至黄淤41断面	黄淤41至黄淤68断面
1960 年 11 月至 1964 年 10 月	非汛期累计	1.34	1.24	0.81	0.55	3.94	0.89
	汛期累计	9.65	11.67	6.47	1.45	29.24	5.03
	合计	10.99	12.91	7.28	2.00	33.18	5.92
	年均	2.75	3.23	1.82	0.50	8.29	1.48
1964 年 11 月至 1973 年 10 月	非汛期累计	−3.39	−2.52	−0.30	0.49	−5.73	—
	汛期累计	−0.41	−0.58	−1.76	−0.91	−3.64	—
	合计	−3.80	−3.10	−2.06	−0.42	−9.37	11.35
	年均	−0.42	−0.34	−0.23	−0.05	−1.04	1.26
1973 年 11 月至 1986 年 10 月	非汛期累计	4.41	4.46	6.41	1.39	16.67	
	汛期累计	−3.72	−4.29	−6.50	−1.46	−15.97	
	合计	0.69	0.17	−0.09	−0.07	0.70	1.093
	年均	0.053	0.013	−0.007	−0.005	0.054	0.084
1986 年 11 月至 1995 年 10 月	非汛期累计	3.82	4.83	2.84	0.53	12.04	−3.41
	汛期累计	−3.28	−4.66	−2.46	−0.18	−10.59	8.59
	合计	0.54	0.17	0.38	0.35	1.45	5.18
	年均	0.060	0.019	0.042	0.039	0.161	0.58
1995 年 11 月至 2002 年 10 月	非汛期累计	1.75	3.82	2.16	0.06	7.79	−2.83
	汛期累计	−1.53	−3.43	−1.91	0.06	−6.81	4.46
	合计	0.22	0.39	0.25	0.12	0.98	1.63
	年均	0.032	0.056	0.035	0.017	0.140	0.234
2002 年 11 月至 2019 年 10 月	非汛期累计	3.55	4.52	1.39	−0.07	9.40	−5.17
	汛期累计	−4.54	−4.77	−1.84	−0.07	−11.22	1.65
	合计	−0.99	−0.25	−0.45	−0.14	−1.82	−3.52
	年均	−0.058	−0.014	−0.026	−0.008	−0.107	−0.207
1960 年 11 月至 2019 年 10 月	非汛期累计	11.48	16.35	13.30	2.95	44.11	—
	汛期累计	−3.82	−6.06	−7.99	−1.11	−19.00	—
	合计	7.66	10.29	5.31	1.84	25.11	21.93
	年均	0.130	0.175	0.090	0.031	0.426	0.372

由表 2-23 可知，1960 年 11 月至 1964 年 10 月，由于水库运用水位高，库区坝址至黄淤 41 断面、黄淤 41 至黄淤 68 断面汛期、非汛期均发生淤积，淤积量分别为 33.18 亿 m³、5.92 亿 m³，主要发生在汛期。

1964 年 11 月至 1973 年 10 月，黄淤 41 至黄淤 68 断面累计淤积 11.35 亿 m³，坝址至黄淤 41 断面发生了冲刷,累计冲刷 9.37 亿 m³,其中汛期累计冲刷 3.64 亿 m³,非汛期累计冲刷 5.73 亿 m³。

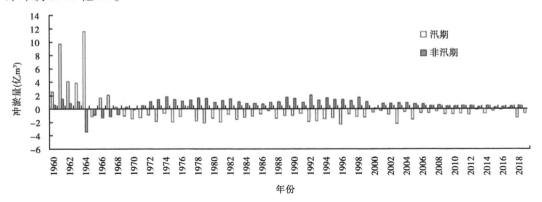

图 2-17　三门峡水库运用以来历年汛期、非汛期冲淤变化(潼三段)

1973 年蓄清排浑运用以来,坝址至黄淤 41 断面库区呈现非汛期淤积、汛期冲刷的特点,1973 年 11 月至 2019 年 10 月坝址至黄淤 41 断面非汛期累计淤积 45.90 亿 m³,汛期累计冲刷 44.59 亿 m³,总体淤积了 1.31 亿 m³,年均淤积量仅 0.029 亿 m³,基本维持了库区的冲淤平衡,库容淤损不大。从各时期来看,非汛期淤积多的河段,汛期库区冲刷量也大。黄淤 41 至黄淤 68 断面,除 2002 年 11 月至 2019 年 10 月外,其他时段淤积量均大于坝址至黄淤 41 断面。

2.4.5.3　水库淤积形态变化

1.纵剖面形态变化

三门峡库区淤积形态的变化主要与入库水沙条件和水库运用方式等因素有关。1960 年三门峡水库蓄清排浑运用以来,坝址至黄淤 41 断面、黄淤 41 断面至黄淤 68 断面河底平均高程变化见图 2-18、图 2-19。

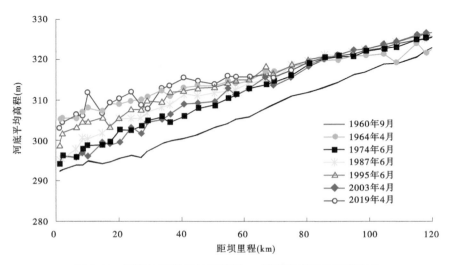

图 2-18　三门峡库区坝址至黄淤 41 断面河底平均高程变化

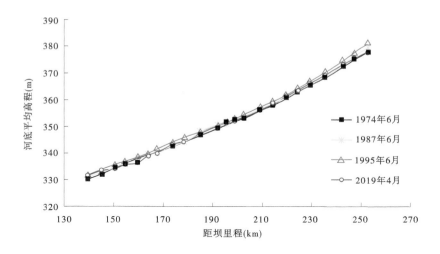

图 2-19　三门峡库区黄淤 41 至黄淤 68 断面河底平均高程变化

从图 2-18、图 2-19 来看,干流纵剖面呈现锥体淤积形态。1960~1964 年,库区纵剖面淤积抬升明显。1964~1974 年库区整体冲刷下降。1974~1987 年、1987~1995 年,距坝80 km 内河段河底平均高程淤积抬升。1995~2003 年,河底平均高程降低。2003~2019年,距坝 80 km 河段河底平均高程淤积抬升。三门峡库区距坝 80 km 范围内河底平均高程冲淤变化较大。前期水库淤积的泥沙,可通过水库调节冲刷出库,实现多年冲淤平衡。

2. 横断面形态变化

1974 年三门峡水库"蓄清排浑"运用以来,潼关至三门峡河段冲淤变化主要发生在主槽内,一般洪水很少漫滩淤积。图 2-20~图 2-23 为黄河潼关至三门峡河段典型断面不同年份套绘图。

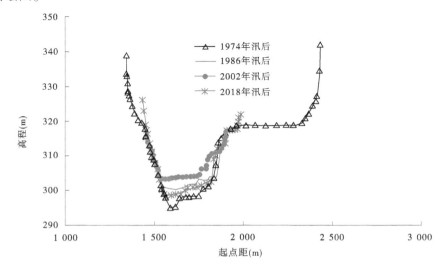

图 2-20　黄河潼关至三门峡河段黄淤 12 断面(距坝 15.06 km)不同年份套绘图

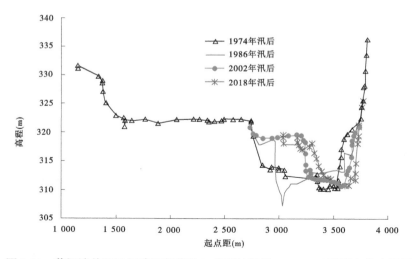

图 2-21　黄河潼关至三门峡河段黄淤 27 断面(距坝 55.16 km)不同年份套绘图

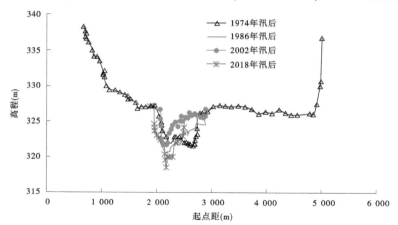

图 2-22　黄河潼关至三门峡河段黄淤 36 断面(距坝 93.99 km)不同年份套绘图

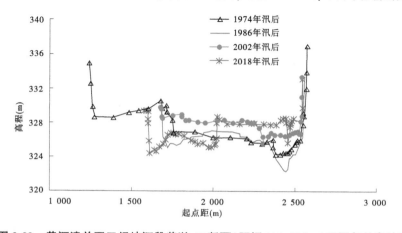

图 2-23　黄河潼关至三门峡河段黄淤 40 断面(距坝 111.55 km)不同年份套绘图

黄淤 12 断面位于库区段,其冲淤变化主要在主槽内进行,滩面相对稳定。1973～2002 年,断面主槽淤积抬高,2002 年 11 月三门峡水库运用方式调整后,断面主槽有小幅的冲刷下降。

黄淤 27 断面位于回水变动段,该河段冲淤调整幅度较大,非汛期蓄水形成三角洲淤积体,汛期降低水位,三角洲淤积体冲刷。1974～2002 年,断面主槽淤积萎缩;2002～2016 年,断面主槽淤积抬高;2016～2018 年,断面主槽冲刷下降。

黄淤 36 断面位于自然河道段,非汛期不受水库蓄水位的影响。由于该河段河道较为宽浅,局部河段主流左右摆动幅度较大,造成滩地坍塌,如黄淤 40 断面左岸滩地坍塌。

2.4.6　小浪底水库

2.4.6.1　水库库容变化

1997 年 9 月至 2020 年 4 月,小浪底水库累计淤积泥沙 32.86 亿 m³(断面法),其中干流淤积 25.49 亿 m³,占总淤积量的 77.6%;支流淤积 7.37 亿 m³,占总淤积量的 22.4%。当前库区淤积量已占水库设计拦沙库容(75.5 亿 m³)的 43.5%,水库运用处于拦沙后期第一阶段。起调水位 210 m 高程以下库容由 1997 年的 21.88 亿 m³ 减少至 2020 年的 0.89 亿 m³,剩余库容越来越小。

小浪底水库干流库容及总库容变化过程见图 2-24,小浪底水库干流及全库区累计淤积量变化过程见图 2-25。

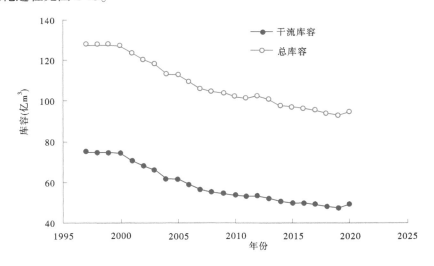

图 2-24　小浪底水库干流库容及总库容变化过程

2.4.6.2　水库淤积形态变化

图 2-26 为小浪底库区历年干流淤积纵剖面图(深泓点,下同),可以看出,小浪底库区干流淤积主要为三角洲形态。库区纵剖面的变化与坝前水位的变化幅度、异重流产生及运行情况、来水来沙条件等因素有密切关系。水库运用水位高,三角洲顶点距坝较远,高程较高,泥沙淤积部位比较靠上;水库运用水位低,三角洲顶点距坝较近,高程较低,泥沙

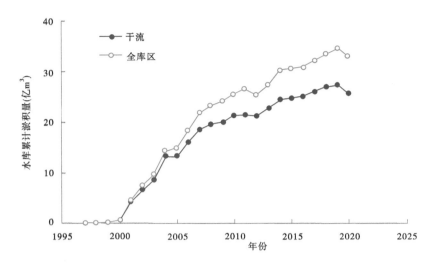

图 2-25　小浪底水库干流及全库区累计淤积量变化过程

淤积部位比较靠下。随着水库的持续淤积,三角洲的顶点是逐渐向坝前推进的,由 2000 年的距坝 69.4 km 推进至 2020 年的距坝 7.7 km。水库实际运用情况还表明,由于小浪底库区河谷上窄下宽,水库 67 km 以上库段河谷底宽仅为 200~400 m,具有非常好的排沙条件,在适当的水流动力和河床边界条件下,水流能够将淤积的泥沙向坝前输移。

图 2-27~图 2-29 为畛水、石井河、亳清河历年实测纵剖面图。由于支流所在库区位置不同(畛水距坝 17 km,石井河距坝 22 km,亳清河距坝 57 km),淤积形态存在一定的差别。其中,畛水有些时段形成一定高度的支流拦门沙坎,但随着时间的推移,拦门沙坎内部又逐渐被泥沙淤平,反复变化;石井河和亳清河的拦门沙坎则不明显。

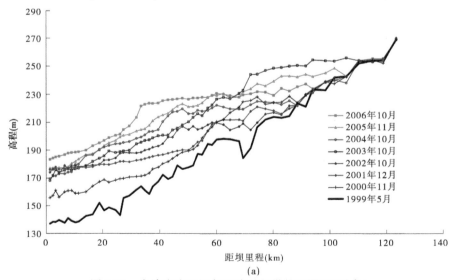

(a)

图 2-26　小浪底库区历年干流淤积纵剖面图(深泓点)

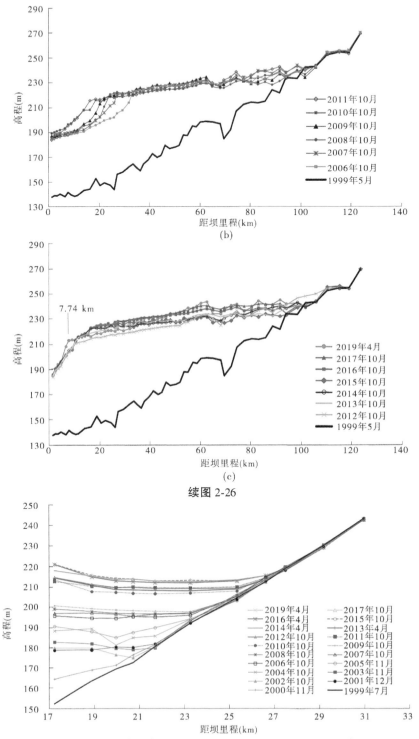

(b)

(c)

续图 2-26

图 2-27 小浪底水库支流畛水历年淤积纵剖面图(深泓点)

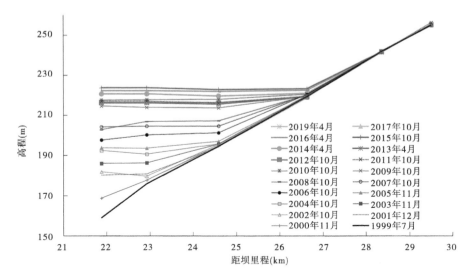

图 2-28　小浪底水库支流石井河历年淤积纵剖面图(深泓点)

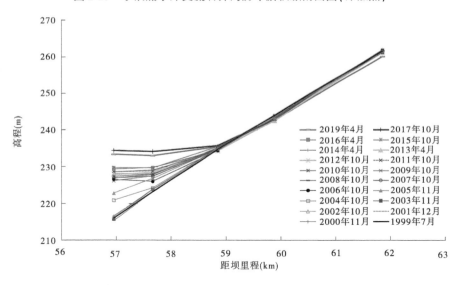

图 2-29　小浪底水库支流亳清河历年淤积纵剖面图(深泓点)

2.5　河道冲淤对水沙调控的响应

2.5.1　宁蒙河段的冲淤响应

(1)龙羊峡水库、刘家峡水库联合运用后宁蒙河段淤积加重。

龙羊峡水库、刘家峡水库联合运用改变了宁蒙河段径流年内分配及过程,汛期水沙关系恶化导致了宁蒙河段(特别是内蒙古河段)主槽的淤积萎缩。图 2-30 给出了宁蒙河段历年冲淤量和累计冲淤量变化过程。20 世纪 80 年代以后宁蒙河段冲淤交替,略有冲刷。80 年代以后由于水沙条件恶化,汛期输沙水量减少的同时有利于宁蒙河段输沙的大流量过程也大幅减少(汛期下河沿站流量大于 2 000 m³/s 的天数由 1968 年以前的 54.0 d 减少至 1987~2013 年的 3.7 d),宁蒙河段发生持续淤积,淤积逐渐加重,至 2005 年后才有所缓解。1969~1986 年、1987~2014 年年均淤积量分别为 0.210 亿 t、0.582 亿 t。

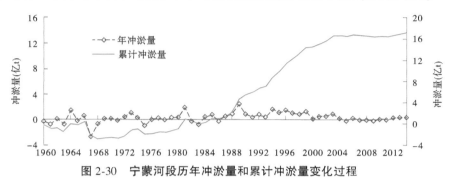

图 2-30　宁蒙河段历年冲淤量和累计冲淤量变化过程

(2)龙羊峡水库、刘家峡水库联合运用后宁蒙河段汛期由冲刷变为淤积。

龙羊峡水库、刘家峡水库联合调蓄运用减小了进入宁蒙河段的汛期水量比例,削减了进入下游河道的洪峰、洪量,导致汛期输沙能力减小,宁蒙河段汛期由 1986 年以前的冲刷变为 1986 年以后的淤积。1968 年以前,宁蒙河段汛期年均冲刷量 0.369 亿 t,非汛期淤积 0.042 亿 t。1969~1986 年,宁蒙河段汛期、非汛期均表现为淤积,汛期、非汛期淤积量分别为 0.029 亿 t、0.181 亿 t(见图 2-31),以非汛期淤积为主,汛期淤积量只占全年淤积量的 13.8%。1987~2014 年宁蒙河段淤积加重,汛期、非汛期淤积量分别为 0.454 亿 t、0.128 亿 t,汛期淤积转化为全年淤积的主体,占全年淤积量的 78.0%。

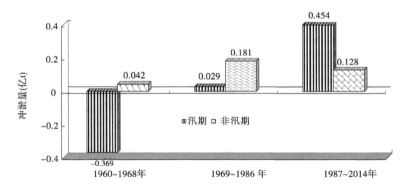

图 2-31　宁蒙河段冲淤量汛期、非汛期变化

(3)龙羊峡水库、刘家峡水库联合运用导致宁蒙河段长距离输送泥沙的能力降低,淤积加重,主要发生在宁蒙河段下段。

龙羊峡水库、刘家峡水库联合调蓄运用减小了进入宁蒙河段的汛期水量比例和大流量过程,导致河段长距离输送泥沙的能力降低,内蒙古巴彦高勒至三湖河口河段由冲刷变为淤积,三湖河口至头道拐河段淤积量进一步加重。宁蒙河段下段泥沙淤积严重,尤其是三湖河口至头道拐河段。1969~1986 年内蒙古巴彦高勒至三湖河口河段、三湖河口至头道拐河段年均淤积量分别为-0.030 亿 t、0.138 亿 t。1987~2014 年内蒙古河段巴彦高勒至三湖河口河段、三湖河口至头道拐河段年均淤积量分别为 0.111 亿 t、0.342 亿 t。宁蒙河段冲淤量纵向分布见图 2-32。

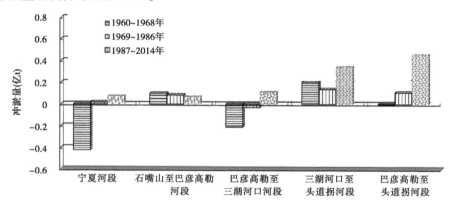

图 2-32　宁蒙河段冲淤量纵向分布

（4）龙羊峡水库、刘家峡水库联合运用以后小于 0.1 mm 各粒径组泥沙由冲刷变为淤积。

宁蒙河段悬移质泥沙冲淤量见表 2-24。1968 年以前，小于 0.1 mm 各粒径组泥沙全部表现为冲刷，大于 0.1 mm 的泥沙表现为淤积，<0.025 mm、0.025~0.05 mm、0.05~0.10 mm 年均冲刷量分别为 0.385 亿 t、0.129 亿 t、0.061 亿 t（见表 2-24），0.1 mm 以上的泥沙年均淤积 0.260 亿 t；1968 年以后，小于 0.1 mm 的各分组泥沙逐渐转向了淤积；1986 年龙羊峡水库、刘家峡水库联合运用后，由于水流输沙能力降低，<0.025 mm 各粒径组泥沙全部表现为淤积，<0.025 mm、0.025~0.05 mm、0.05~0.1 mm 年均淤积量分别为 0.205 亿 t、0.088 亿 t、0.098 亿 t。

表 2-24　宁蒙河段悬移质泥沙冲淤量

时段 （日历年）	悬移质分组泥沙冲淤量（亿 t）					
	<0.025 mm	0.025~ 0.05 mm	0.05~ 0.08 mm	0.08~ 0.10 mm	0.05~ 0.10 mm	>0.10 mm
1960~1968 年	-0.385	-0.129	-0.036	-0.025	-0.061	0.260
1969~1986 年	-0.069	-0.017	0.011	0.006	0.018	0.267
1987~2015 年	0.205	0.088	0.059	0.039	0.098	0.172
1960~2015 年	0.022	0.020	0.028	0.018	0.047	0.217

（5）淤积加重主要集中在主槽，导致断面萎缩，河道过流能力下降。

龙羊峡水库、刘家峡水库联合调蓄运用减小了进入宁蒙河段的汛期水量比例和大流量过程，水流输沙塑槽作用降低。根据断面法冲淤量分析滩槽淤积比例变化（见图 2-33），1962~1982 年，巴彦高勒至头道拐河段滩地淤积、主槽冲刷，年均冲刷量为 0.181 亿 t；1982~1991 年，主槽、滩地同步淤积，分别为 0.213 亿 t、0.166 亿 t，滩槽淤积比例基本相当，主槽淤积比例为 56.2%；1991~2000 年主槽淤积比例加大，主槽淤积量

0.473 亿 t、滩地淤积量 0.067 亿 t,主槽淤积比例为 86.7%;2000~2012 年,巴彦高勒至头道拐河段年均淤积泥沙 0.385 亿 t,其中主槽淤积量为 0.293 亿 t,占淤积总量的 76.1%,滩地年淤积量为 0.092 亿 t,占淤积总量的 23.9%。河槽淤积导致平滩流量逐渐下降,至 2000 年降低至 1 500 m³/s 左右(见图 2-34),2004 年平滩流量最小,最小平滩流量不足 1 000 m³/s,其后有所恢复,防凌防洪形势严峻。

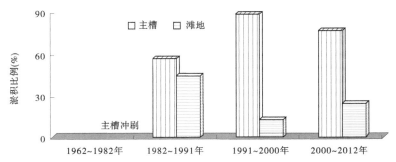

图 2-33　内蒙古巴彦高勒至头道拐河段滩槽淤积比例变化

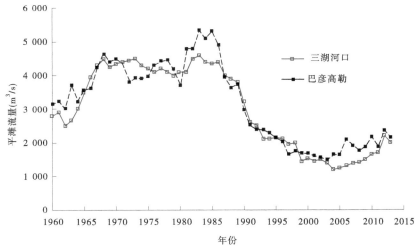

图 2-34　巴彦高勒、三湖河口水文站断面平滩流量变化

2.5.2　小北干流河道的冲淤响应

　　小北干流冲淤主要受三门峡水库和来水来沙条件影响。1960 年 9 月三门峡水库建成后,禹门口至潼关河段(简称禹潼河段)变为库区一部分,受到水库运用影响。三门峡水库先后经历了蓄水拦沙、滞洪排沙及蓄清排浑三个运用时期。统计三门峡水库不同运用时期禹潼河段的冲淤量,三个时期禹潼河段累计淤积 22.175 亿 m³(见表 2-25)。

2.5.2.1　蓄水拦沙运用期(1960 年 9 月至 1962 年 3 月)

　　1960 年 9 月,三门峡水库开始蓄水,至 1962 年 3 月,水库运用水位较高,汛期平均水位达 324.03 m,非汛期最高水位为 332.58 m(见表 2-26),小北干流淤积严重,年均淤积量达 1.55 亿 m³,潼关高程抬高 2 m,1962 年汛前潼关高程为 326.10 m。一年多的时间河段淤积泥沙达 3.099 亿 m³。

表 2-25　三门峡水库建库后小北干流冲淤量（断面法）分布

三门峡水库运用阶段		时段	小北干流各河段淤积量（亿 m³）				
			C41-45	C45-50	C50-59	C59-68	C41-68
蓄水拦沙		1960 年 9 月至 1962 年 3 月	2.025	0.761	0.085	0.229	3.100
滞洪排沙	改建前	1962 年 4 月至 1966 年 5 月	0.622	1.670	0.187	0.559	3.038
	一期改建	1966 年 6 月至 1970 年 6 月	0.964	3.489	2.517	2.336	9.306
	二期改建	1970 年 7 月至 1973 年 10 月	-0.059	0.548	0.912	1.062	2.463
	小计	1962 年 4 月至 1973 年 10 月	1.527	5.707	3.616	3.957	14.807
蓄水拦沙和滞洪排沙		1960 年 9 月至 1973 年 10 月	3.552	6.467	3.701	4.185	17.905
蓄清排浑		1973 年 11 月至 1986 年 10 月	-0.005	-0.626	0.681	1.043	1.093
		1986 年 11 月至 2002 年 10 月	0.506	1.142	1.856	3.316	6.820
		2002 年 11 月至 2020 年 5 月	-0.249	-0.509	-1.073	-1.814	-3.645
		1986 年 11 月至 2020 年 5 月	0.257	0.633	0.783	1.502	3.175
		1973 年 11 月至 2020 年 5 月	0.252	0.007	1.464	2.545	4.268
总计		1960 年 9 月至 2020 年 5 月	3.804	6.475	5.165	6.731	22.175

表 2-26　小北干流冲淤对水沙调控的响应

三门峡水库运用阶段	时段	三门峡水库平均运用水位（m）		河道年均冲淤量（亿 m³）	潼关高程	说明
		汛期	非汛期			
蓄水拦沙	1960~1962 年	324.03	最高 332.58	1.55	升 2 m（1962 年汛前为 326.10 m）	三门峡水库蓄水影响
滞洪排沙	1962~1973 年	320 降到 300 以下	最高 327.91	1.29	升 2 m（1973 年汛前为 328.13 m，汛后为 326.64 m）	三门峡水库滞洪及不利水沙
蓄清排浑	1973~1986 年	304.35	最高 325.95	0.08	相对保持稳定	三门峡水库运用影响及水沙条件有利
	1986~2002 年	303.77	最高 324.06	0.43	升 1.5 m（2002 年汛后为 328.19 m）	来水来沙条件不利
	2002~2020 年	305	平均 315，不超过 318	-0.21	维持在 328 m 附近	三门峡水库运用影响及水沙条件有利

2.5.2.2　滞洪排沙运用期(1962 年 4 月至 1973 年 10 月)

为了减轻三门峡水库库区淤积,1962 年 4 月至 1973 年 10 月,对水库枢纽泄流建筑物进行了两次大改建,但由于汛期蓄水位还是相对较高,水库汛期运用水位逐渐由 320 m 降到 300 m 以下,非汛期运用最高水位仍在 327.90 m。期间又遭遇 1964 年、1966 年、1967 年、1970 年等几个丰水丰沙年,该时期禹潼河段淤积严重,共淤积泥沙 14.805 亿 m³,年平均淤积约 1.29 亿 m³,潼关高程又抬高了 2 m。1973 年汛前潼关高程为 328.13 m,汛后为 326.64 m。

2.5.2.3　蓄清排浑运用期(1973 年 11 月至 2020 年 5 月)

吸取蓄水拦沙和滞洪排沙运用的经验和教训,三门峡水库于 1973 年 11 月开始采用蓄清排浑控制运用方式,禹潼河段淤积显著减轻。至 1986 年 10 月,禹潼河段淤积泥沙 1.093 亿 m³,年均淤积仅 0.08 亿 m³,潼关高程变化不大,略有下降。

1986 年 10 月上游龙羊峡水库投入运用,龙羊峡、刘家峡两库联合运用,显著改变了径流的年内分配过程,汛期来水量减少,有利于输沙的大流量过程减少,导致禹潼河段淤积明显增加。1986 年 11 月至 2002 年 10 月,禹潼河段共淤积泥沙 6.820 亿 m³,年平均淤积 0.43 亿 m³,期间潼关高程抬高约 1.5 m 左右。

2003 年以后,为了进一步控制三门峡库区淤积,降低潼关高程,黄河水利委员会开展了三门峡水库非汛期最高控制水位 318 m(汛期敞泄滞洪,非汛期平均水位不超过 315 m,最高运用水位不超过 318 m)的原型试验,加之水沙条件较为有利,来沙量少、来水含沙量低,2002 年 11 月至 2020 年 5 月禹潼河段发生全线冲刷,冲刷泥沙 3.645 亿 m³,期间潼关高程下降 0.5 m 左右,维持在 328 m 左右。

小北干流冲淤、潼关高程(汛前流量 1 000 m³/s 水位)变化见图 2-35。

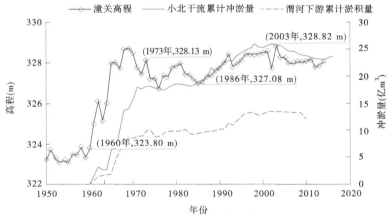

图 2-35　小北干流冲淤、潼关高程(汛前流量 1 000 m³/s 水位)变化

2.5.3　黄河下游河道的冲淤响应

水库修建后对进入下游河道的水沙条件产生较大影响,进而影响河道冲淤变化。重点分析了小浪底水库运用以来下游河道冲淤变化。小浪底水库 1997 年截流至 2020 年 4

月库区累计淤积泥沙 32.86 亿 m³,水库蓄水拦沙和调水调沙使黄河下游河道全线冲刷,断面主槽展宽下切,河道平滩流量增加。1999 年 11 月至 2020 年 4 月下游河道利津以上累计冲刷量达 28.29 亿 t,从冲刷量的沿程分布(见表 2-27)来看,高村以上河段冲刷较多,冲刷 19.56 亿 t,占利津以上河段总冲刷量的 69.14%。从冲刷量的时间分布来看,冲刷主要发生在汛期,利津以上河段汛期冲刷量为 16.81 亿 t,占该河段总冲刷量的 59.4%。

表 2-27　1999 年 11 月至 2020 年 4 月下游河道各河段冲淤量统计　（单位:亿 t）

时期	花园口以上	花园口至高村	高村至艾山	艾山至利津	利津以上	全下游
汛期	-2.13	-4.65	-4.70	-5.33	-16.81	-18.32
非汛期	-5.12	-7.66	0.08	1.22	-11.48	-10.92
全年合计	-7.25	-12.31	-4.62	-4.11	-28.29	-29.24

下游河道最小平滩流量已由 2002 年汛前的 1 800 m³/s 增加至 2020 年汛前的 4 350 m³/s(见表 2-28),普遍增加 1 650~4 700 m³/s。其中高村以上河道平滩流量增加明显,增加量为 3 600~4 700 m³/s,艾山至利津河段增加 1 650~1 820 m³/s。

表 2-28　2002 年以后下游河道平滩流量变化情况　（单位:m³/s）

项目	花园口	夹河滩	高村	孙口	艾山	泺口	利津	最小值
2002 年汛前	3 600	2 900	1 800	2 070	2 530	2 900	3 000	1 800
2020 年汛前	7 200	7 100	6 500	4 400	4 350	4 700	4 650	4 350
累计增加	3 600	4 200	4 700	2 330	1 820	1 800	1 650	2 550

2.6　黄河水沙调控效果

黄河水沙调控,即通过水库群联合运用,科学管理洪水,为防洪、防凌安全提供重要保障;利用骨干水库的拦沙库容拦蓄泥沙并调控水沙,特别是合理拦蓄对下游河道淤积危害最大的粗泥沙,协调水沙关系,减少河道淤积;合理配置和优化调度水资源,协调生活、生产、生态用水要求。本节重点分析了小浪底水库运用以来为减轻水库和下游河道淤积开展的多次水沙调控,其中 2002~2016 年开展了 3 次调水调沙试验,16 次调水调沙生产运行,2018 年以来按照"一高一低"调度,兼顾中下游水库和河道排沙输沙,实施了水沙一体化调度、大尺度对接。水沙调控在减轻下游河道淤积、调整库区淤积形态、改善河口生态等方面起到了显著效果。

2.6.1　现状水沙调控模式

根据黄河干支流水情和水库蓄水情况,黄河水利委员会于 2002~2004 年开展了 3 次不同模式的调水调沙试验,2005 年转入正常生产运行后,至 2016 年开展了 16 次调水调沙生产运行。经多年研究与实践,提出了以小浪底水库单库调节为主、干流水库群水沙联合调度、空间尺度水沙对接的黄河调水调沙三种基本模式。2018 年 7 月为主动应对渭河洪水过程,按照主动防御的思想,采用防洪预泄方式,小浪底自 7 月 3 日实施了长达 20 余 d 的防洪预泄,2018 年以来按照"一高一低"调度思想实施了水库调度。水沙调控在减轻下游河道淤积、调整库区淤积形态、改善河口生态等方面起到了显著效果。

2.6.1.1　小浪底水库单库调水调沙运用模式

利用小浪底水库汛限水位以上蓄水进行调水调沙运用,水库清水下泄,冲刷下游河槽泥沙,扩大主槽过流能力,同时兼顾河口生态补水。

2.6.1.2　干流水库群水沙联合调度模式

利用万家寨水库、三门峡水库、小浪底水库蓄水,通过干流水库群联合调度,在小浪底库区塑造人工异重流,调整其库尾段淤积形态,并加大小浪底水库排沙量。同时,利用进入下游河道水流富余的挟沙能力,扩大下游河段尤其是卡口河段主槽过洪能力。2004~2016 年共进行的 17 次调水调沙,采用的都是此种模式。干流水库群水沙联合调度关键是在小浪底水库成功塑造异重流,提高排沙效率。

2.6.1.3　空间尺度水沙对接模式

利用小浪底水库不同泄水孔洞组合塑造一定历时和大小的流量、含沙量及泥沙颗粒级配过程,加载于小浪底水库下游伊洛河、沁河的"清水"之上,并使之在花园口站准确对接,形成花园口站协调的水沙关系,实现既排出小浪底水库的库区泥沙,又使小浪底至花园口区间"清水"不空载运行,同时使黄河下游河道不淤积的目标。该模式只在 2003 年进行了一次试验,其关键技术是小浪底水库下泄浑水与下游支流清水对接技术。重点在于解决两大关键问题:一是小浪底至花园口区间洪水、泥沙的准确预报;二是准确对接(黄河干流)小浪底、(伊洛河)黑石关、(沁河)武陟三站在花园口站形成的水沙过程。

2.6.1.4　"一高一低"干支流水库群联合调度模式

考虑流域整体防洪,兼顾中下游水库和河道排沙输沙,实施水沙一体化调度、大尺度对接。上游龙羊峡水库、刘家峡水库拦洪蓄水,保持高水位运行,统筹防洪和水资源安全;中游小浪底水库降低水位泄洪排沙,延长小浪底水库拦沙库容使用年限,塑造持续动力输沙入海。

2.6.2　黄河水沙调控实践运用效果

黄河水沙调控在减轻下游河道淤积、调整库区淤积形态、改善河口生态等方面起到了显著效果。

(1)人工塑造异重流加大了水库排沙比,优化了库区淤积形态。

2004 年以来提出了利用万家寨水库、三门峡水库蓄水和河道来水,冲刷小浪底水库淤积三角洲形成人工异重流的技术方案,在小浪底库区塑造出了人工异重流并排沙出库。通过对影响人工异重流排沙因素的深入分析研究,不断优化人工塑造异重流的各项技术指标,加大了水库排沙比。据统计,19 次调水调沙期间,小浪底水库入库累计水量 238.54 亿 m³,出库水量 678.46 亿 m³;入库累计沙量 10.72 亿 t,出库沙量 6.60 亿 t,排沙比 62%,

同期其他时段水库排沙比不足 11%。2010 年、2011 年、2012 年和 2013 年汛前调水调沙水库异重流排沙比均超过 100%,分别达到 137%、145%、208% 和 204%。

小浪底水库蓄水运用初期,由于水库壅水,库尾出现了明显的翘尾巴现象,侵占了部分有效库容。调水调沙期间,根据来水来沙条件,相机降低小浪底水库水位,利用三门峡水库泄放的持续大流量过程冲刷小浪底库区尾部段,实现了库区淤积形态的优化调整,恢复小浪底调节库容(见图 2-36)。

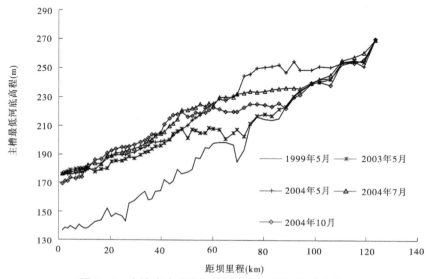

图 2-36　小浪底水库蓄水运用初期库区深泓线变化

2018 年实施"一高一低"干支流水库群联合调度以来,至 2020 年三个汛期小浪底水库累计排沙 13.4 亿 t,有效地恢复了库容;库区三角洲顶点由距坝 16.39 km 推进到距坝 7.74 km,顶点高程由 222.36 m 降至 212.40 m,调整了库区淤积形态(见图 2-37)。

(2)黄河下游河道得到全线冲刷尤其高村以下河段冲刷明显。

黄河下游高村至艾山河段是制约黄河下游行洪输沙能力的"卡口"河段,也是"二级悬河"发育较为严重的河段,对下游河道防洪威胁较大,冲刷并扩大"卡口"河段过流能力是历次调水调沙的重要目标。

黄河历次调水调沙期间,进入下游河道的水量 716.49 亿 m³,沙量 5.92 亿 t,累计入海总水量 640.04 亿 m³,入海沙量 9.66 亿 t,下游河道共冲刷泥沙 4.30 亿 t,其中高村至艾山和艾山至利津河段分别冲刷 1.615 亿 t 和 1.113 亿 t(见表 2-29),分别占水库运用以来相应河段总冲刷量的 41.02% 和 30.3%,调水调沙期间上述两河段的冲刷效率(河道冲刷量和所需水量的比值)分别是其他时期的 3.1 倍和 1.9 倍。

实施"一高一低"干支流水库群联合调度以来,部分泥沙暂存于下游河道,主要是位于高村以上河段。高村至艾山和艾山至利津河段发生冲刷,冲刷量分别为 0.464 亿 t 和 0.399 亿 t。

(3)黄河下游行洪输沙能力普遍提高,河槽形态得到调整。

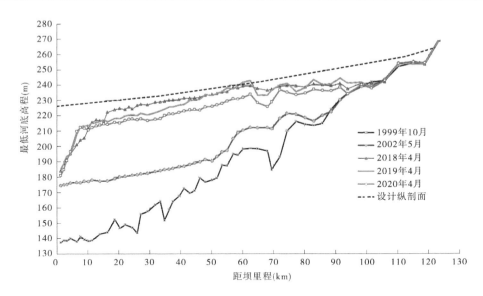

图 2-37 小浪底水库 2018 年以来库区深泓线变化图

通过小浪底水库拦沙和调水调沙运用,黄河下游主槽冲刷降低 2.55 m,河道最小平滩流量由 2002 年汛前的 1 800 m³/s 恢复到 2020 年汛前的 4 350 m³/s。目前,下游河道适宜的中水河槽规模已经形成,"卡口"河道断面形态得到有利调整,洪水时滩槽分流比得到初步改善,"二级悬河"形势开始缓解。2018 年以来"一高一低"调度在实现水库冲刷前提下,下游河道各主要水文站同流量水位未出现明显降低,提高了河道行洪输沙能力。

表 2-29 2002~2020 年黄河下游各河段冲淤量统计 (单位:亿 t)

类别		小浪底至花园口	花园口至高村	高村至艾山	艾山至利津	利津以上
总冲淤量 (2002 年 7 月至 2020 年 4 月)	累计	−6.255	−10.456	−3.920	−3.665	−24.296
	年均	−0.417	−0.697	−0.261	−0.244	−1.619
调水调沙 期间	累计	−0.021	−1.332	−1.615	−1.113	−4.080
	年均	−0.001	−0.095	−0.115	−0.080	−0.291
	占总冲淤量比例 (%)	0.34	12.74	41.20	30.37	16.79
"一高一低" 调度以来 (2018 年 7 月至 2020 年 4 月)	累计	1.009	0.509	−0.464	−0.399	0.655
	年均	0.505	0.254	−0.232	−0.199	0.328

（4）改善了河口生态，增加了湿地面积。

自 2008 年汛前调水调沙实施生态补水以来，汛前调水调沙年均向河口三角洲生态补水 1 853 万 m³，湿地水面面积平均增加 4.587 3 万亩。2010 年以来，还实现了刁口河流路全线过水，见表 2-30。

表 2-30　汛前调水调沙生态补水情况统计

年份	2008	2009	2010	2011	2012	2013	2 014	2015	均值
补水量（万 m³）	1 356	1 508	2 041	2 248	3 036	2 156	803	1 679	1 853
湿地水面面积增加值（亩）	3 345	52 200	48 700	35 500	50 849	74 080	90 480	11 828	45 873

2020 年实施防御大洪水实战演练期间，大规模、全方位实施河口三角洲生态补水，国家级自然保护区的刁口河一千二管理区、黄河口管理区、大汶流管理区等三大区域全部进水，累计补水 1.55 亿 m³，创历史新高，首次补水进入自然保护区核心区刁口河区域。通过生态补水，河口三角洲水面面积增加 45.35 km²。

2.7　小　结

（1）分析了防洪减淤和水沙调控体系建设现状。海勃湾水库、河口村水库已建成投运，东庄水库已经全面开工建设，古贤水库可研报告通过水利部审查，黑山峡水库正在开展项目建议书专题论证。堤防、河道整治、下游滩区安全、蓄滞洪区等防洪工程的建设也按照规划逐步推进。

（2）龙羊峡水库、刘家峡水库联合运用改变了黄河径流年内分配比例，干流主要控制站汛期径流比重由水库运用前的 60% 减少到 40%；利于下游河道输沙的大流量相应的天数及水量也大幅减小。三门峡水库 1973 年蓄清排浑运用以来，汛期运用水位较低，非汛期淤积的泥沙由汛期排出，汛期出库沙量占全年沙量的比例由入库的 68.2%~86.1% 增加到 93.0%~97.3%。小浪底水库投入运行后蓄水拦沙和调水调沙运用，入库水沙经调节后，1999 年 11 月至 2018 年 10 月，水库排沙比为 25.2%，调水调沙期间排沙比可达到 62%；全年出库 2 600 m³/s 以上流量级天数较入库增加 67.6%，相应的水量较入库增加 69.8%。

（3）目前，龙羊峡水库处于淤积状态，刘家峡水库淤积变缓，海勃湾水库处于淤积状态，万家寨水库、三门峡水库处于冲淤平衡状态，小浪底水库处于拦沙后期第一阶段。1986 年龙羊峡水库、刘家峡水库联合运用改变了黄河上游径流年内分配比例和过程，导致宁蒙河道淤积加重；2002 年三门峡水库改变运用方式以来，小北干流河道冲刷，潼关高程维持在 328 m 附近；1999 年小浪底水库下闸蓄水以来至 2020 年汛前全下游累计冲刷量达 29.24 亿 t，河道最小平滩流量由 2002 年汛前的 1 800 m³/s 增加至 2020 年汛前的 4 350 m³/s。

（4）根据黄河干支流水情和水库蓄水情况，黄河水利委员会组织于 2002～2016 年开展了 19 次黄河调水调沙，其中 2002～2004 年开展了 3 次不同模式的调水调沙试验，2005 年转入正常生产运行后，至 2016 年开展了 16 次调水调沙生产运行。经多年研究与实践，提出了以小浪底水库单库调节为主、干流水库群水沙联合调度、空间尺度水沙对接的黄河调水调沙三种基本模式。2018 年以来，实施了"一高一低"干支流水库群联合调度，在减轻下游河道淤积、调整库区淤积形态、改善河口生态等方面起到了显著效果。

第 3 章　未来黄河防洪减淤与水沙调控需求

3.1　主要控制站的水沙代表系列

3.1.1　近期水沙变化

对黄河主要水文站实测径流量、输沙量资料的统计分析表明,由于降雨和人类活动对下垫面的影响,以及经济社会发展使用水量大幅增加,进入黄河的水沙量逐步减少,20 世纪 80 年代中期以来发生显著变化,2000 年以来水沙量减少幅度更大,见表 3-1。

表 3-1　黄河潼关水文站实测水沙量变化

时段	径流量(亿 m³)			输沙量(亿 t)			含沙量(kg/m³)		
	汛期	非汛期	全年	汛期	非汛期	全年	汛期	非汛期	全年
1919~1959 年①	259.02	167.12	426.14	13.40	2.52	15.92	51.73	15.08	37.36
1960~1986 年②	230.35	172.44	402.79	10.13	1.95	12.08	43.98	11.31	29.99
1987~1999 年③	119.43	141.19	260.62	6.12	1.95	8.07	51.24	13.81	30.96
2000~2018 年④	113.13	125.94	239.07	1.89	0.54	2.43	16.71	4.29	10.21
1919~2018 年 (多年平均)	205.41	157.36	362.77	9.38	1.92	11.30	45.66	12.20	31.15
③比①少(%)	53.89	15.52	38.84	54.33	22.62	49.31	0.95	8.41	17.12
④比①少(%)	56.32	24.64	43.90	85.90	78.57	84.67	67.71	71.56	72.68

黄河干流潼关站,1919~1959 年多年平均实测径流量为 426.14 亿 m³,1987~1999 年多年平均实测径流量为 260.62 亿 m³,较 1919~1959 年多年平均值偏少了 38.84%;2000 年以来水量减少更多,2000~2018 年多年平均实测径流量仅 239.07 亿 m³,与 1919~1959 年相比,减少了 43.90%。从历年实测径流量过程看,1990 年以来,除 2012 年、2018 年外,其他年份均小于多年平均值,其中 2002 年仅 139.39 亿 m³,是 1919 年以来径流量最小的一年,见图 3-1。

与径流量变化趋势基本一致,实测输沙量也大幅度减少。潼关站 1919~1959 年多年平均实测输沙量为 15.92 亿 t,1987~1999 年多年平均实测输沙量减至 8.07 亿 t,较 1919~1959 年偏少 49.31%;2000 年以来减幅更大,2000~2018 年多年平均沙量仅有 2.43 亿 t,与 1919~

1959 年相比,减少 84.67%。潼关站历年输沙量过程见图 3-1。

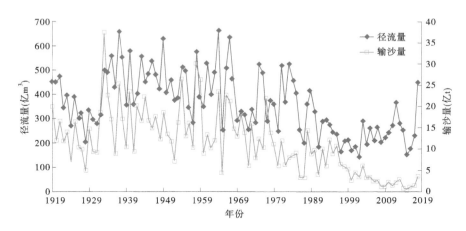

图 3-1　潼关站历年实测径流量、输沙量变化过程

实测含沙量也呈现减少趋势。潼关站 1919～1959 年多年平均实测含沙量为 37.36 kg/m³,1960～1986 年、1987～1999 年多年平均实测含沙量分别为 29.99 kg/m³、30.96 kg/m³;2000～2018 年多年平均实测含沙量减至 10.21 kg/m³,与 1919～1959 年相比,减少 72.68%。

在年均径流量和输沙量大幅度减少的同时,龙羊峡、刘家峡等大型水库的调蓄作用和沿途引用黄河水,使黄河干流河道内实际来水年内分配发生了很大的变化,表现为汛期比例下降,非汛期比例上升,年内径流量月分配趋于均匀。1986 年以前汛期径流量一般可占年径流量 60%左右,1986 年以来普遍降到了 40%左右。

3.1.2　未来水沙变化分析

黄河未来水沙量变化既受自然气候因素的影响,又与流域水利工程、水土保持生态建设工程和经济社会发展等人类活动密切相关。半个多世纪以来的实测资料分析表明,黄河流域降水总体上变化趋势不大,基本上呈周期性的变化。从未来长时期总体来看,流域降水对水沙变化的影响有限,水沙变化仍以人类活动影响为主。

3.1.2.1　黄土高原侵蚀背景

黄土高原是我国四大高原之一,亦为世界著名的大面积黄土覆盖的高原,是中华民族古代文明的发祥地之一,面积约 64 万 km²。大部分被厚层黄土覆盖。经流水长期强烈侵蚀,逐渐形成千沟万壑、地形支离破碎的特殊自然景观,水土流失严重,为世上所罕见。随着时代变迁,黄土高原地区的植被不断发生变化。史念海教授认为,西周时期黄土高原的森林面积大约为 3 200 万 hm²,覆盖率约为 53%,之后随着气候趋向寒冷和人类活动加剧,植被发生了较大变化,森林面积逐渐减小;明清时期中游地区森林受到摧残性破坏,森林只零星的残存于晋西北吕梁山、陕甘边六盘山以及子午岭、黄龙山等深山里。桑广书认为,黄土高原西周以前及西周战国时期植被保持着天然状态,黄土高原地区呈现森林和草原相互交错的状况;秦汉时期黄土高原天然植被仍占较大比重,人类活动尚没有改变黄土高原的植被面貌;唐宋时期关中平原、汾涑河流域已无天然森林,黄土丘陵、山地植被遭到破坏,黄土高原北部沙漠开始扩张,自然环境恶化;黄土高原植被的毁灭性破坏主要在明清时期。中华人民共和国成立以来,黄土高原的水土保持生态建设取得了很大成效,尤其是1999年以来国家全面推行的"退耕还林"和"封山禁牧"政策,上中游多沙区的侵蚀产沙环境发生了重大变化,表现为林草植被规模和质量的明显改善、水平梯田大规模建成、大量骨干坝和中小淤地坝投入运用等。随着国家更加重视生态文明建设,黄土高原的生态环境将会得到维持和进一步改善。

景可、陈永宗等根据叶青超提出的黄河冲积扇形成模式,利用下游河道淤积特性、河口地区泥沙沉积比等资料,估算黄土高原全新世中期(距今6 000~3 000年)自然侵蚀量约为9.75亿t。同时预测21世纪中叶黄河中游的侵蚀量为12.286亿t。

吴祥定认为,先秦至西汉时期(距今2 000年左右)自然环境受人类干扰甚小,可用来作为推估黄河中游土壤侵蚀背景值的年代。他论述了估算自然侵蚀背景值的两种途径:一是由黄河冲积扇的堆积量推算,提出黄河中游土壤侵蚀自然背景值为10亿t左右;二是由古黄河口泥沙淤积量推算。李元芳依据史书记载、淤积物特性、14C测年值等,估算流域产沙量6.5亿t左右。

任美锷认为,15万年以来黄土高原土地利用和植被的变化对黄河输沙有决定性的影响,根据黄土高原不同时期的土地利用和人口情况,分析每个时期的输沙量。他认为在北宋以前人类活动影响较小,黄河年输沙量为2亿t,北宋时期黄土高原植被遭到严重破坏,黄河年输沙量约为6亿t。

朱照宇、周厚云等将全新世以来黄土高原划分为5个侵蚀阶段,其起始年距今分别为11 000年、7 000年、700年、300年、150年。根据高原现代河流沉积物的粒度组成、河流输沙量、径流量和年降水量等数据建立了各指标的回归方程。根据各方程和全新世以来不同时期阶地沉积物的实测数据,计算了各个阶段的平均古侵蚀强度和流域输沙量。提出了在环境稳定时期(4 000~2 000年)自然侵蚀为8.6亿~11.1亿t。

师长兴等基于华北平原上93个钻孔中淤积物分析数据,结合182组放射性同位素14C测年和埋深数据,参考前人黄河下游河道历史变迁及其他相关研究成果,通过建立黄河下游有无堤防和决溢频率与泥沙输移比的关系,估算了2 600年来5个时期黄河上中游年来沙量,提出了距今2 000余年人类活动影响较小时期黄河上中游年来沙量为6.2亿t。

《黄河流域综合规划(2012~2030)》提出黄河流域多年平均天然来沙量16亿t,现状水利水保措施年平均减沙量为4亿t左右。规划实施后,到2030年适宜治理的水土流失区将得到初步治理,流域生态环境明显改善,多沙粗沙区拦沙工程及其他水利水保措施年平均可减少入黄泥沙6.0亿~6.5亿t。在正常的降雨条件下,2030水平年年均入黄沙量为9.5亿~10亿t。考虑远景黄土高原水土流失得到有效治理,进入黄河下游的泥沙量为8亿t左右。

分析以上研究成果,黄土高原侵蚀背景值成果存在一定差异,一般为6亿~10亿t。

3.1.2.2　未来黄河输沙量

黄河未来泥沙变化以人类活动影响为主,淤地坝拦沙作用具有一定时效性,但淤满的淤地坝因抬高沟道及沟坡产沙基准面,减少沟道侵蚀和减缓坡面水力侵蚀作用具有长效性。黄河干支流已建水库的拦沙库容淤满后不再发挥累计性拦沙作用。林草植被覆盖率将进一步提高,其发挥的减水减沙作用具有长效性,但遇高强度、长历时暴雨作用有限。梯田能够长久保存的情况下,所发挥的减蚀拦沙作用具有长效性,遇超标准暴雨洪水,减蚀拦沙作用降低。总体来看,随着国家生态文明建设的逐步深入,一般情况下人类活动的减沙作用将得到维持或加强,但遇特殊的气候条件产沙量还会增加。目前对历史上人类活动影响较小时期的研究成果,黄土高原侵蚀产沙一般在 6 亿~10 亿 t,可作为参考。

黄河未来水沙量变化既受自然气候因素的影响,又与流域水利工程、水土保持生态建设工程和经济社会发展等人类活动密切相关,长时期总体来看降水影响有限,水沙变化仍以人类活动影响为主,相对 1919~1959 年天然情况,未来水沙量将有较大幅度的减少。目前对未来黄河输沙量的认识范围一般为 3 亿~8 亿 t,具体数字尚有分歧。本书采用黄河龙门、华县、河津、洑头四站来沙 8 亿 t、6 亿 t、3 亿 t、1 亿 t 4 种情景方案,分析未来黄河中游水库及下游河道冲淤变化趋势。

考虑黄河上游来水来沙特点及研究工作需要,选择下河沿水文站作为上游干流代表性水文站,宁蒙河段冲淤计算考虑区间水沙和入黄风积沙。在近年来水来沙变化及其成因分析的基础上,以水利部审查通过的 1956~2010 年天然径流系列为基础系列,考虑国家批准的各河段工农业用水和现状水库的调节作用,计算下河沿站现状工程条件下各年各月水量过程,日流量过程根据计算的各年各月水量与实测各年各月水量的比值,对实测日流量过程进行同倍比缩小求得。下河沿断面未来沙量考虑干流龙羊峡、刘家峡等大型水库较长时期的拦沙作用和坡面措施减沙影响,采用 0.95 亿 t;月输沙量采用近期实测资料建立的水沙关系由月径流量进行初步计算,再采用沙量均值对计算的月输沙量过程进行适当修正;日输沙率过程,根据月输沙量与实测沙量的比值,对实测日输沙率进行同倍比缩小求得。宁蒙河段支流水沙采用相应系列的实测过程,多年平均水量 6.97 亿 m³、沙量 0.61 亿 t,入黄风积沙量采用 20 世纪 90 年代以来的平均情况,为 0.16 亿 t。

3.1.3 未来不同情景水沙条件

3.1.3.1 未来黄河来沙 8 亿 t 情景

结合《黄河古贤水利枢纽工程可行性研究报告》(黄河勘测规划设计研究院有限公司,2018 年 12 月)相关研究成果,未来黄河来沙 8 亿 t 情景方案,龙门站多年平均水量、沙量分别为 213.7 亿 m³、4.86 亿 t(见表 3-2),其中汛期水量为 104.3 亿 m³,占全年总水量的 48.8%;汛期沙量为 4.17 亿 t,占全年总沙量的 85.8%。汛期、全年含沙量分别为 39.9 kg/m³ 和 22.7 kg/m³。

四站多年平均水量为 272.0 亿 m³,其中汛期水量为 140.2 亿 m³,占全年总水量的 51.5%;年平均沙量为 8.00 亿 t,汛期沙量为 7.10 亿 t,占全年总沙量的 88.8%。汛期、全年含沙量分别为 50.7 kg/m³ 和 29.4 kg/m³。

该系列下河沿站最大年水量为 461.95 亿 m³,最小年水量为 220.53 亿 m³,二者比值为 2.1;最大年沙量为 2.55 亿 t,最小沙量为 0.34 亿 t,二者比值为 7.5。龙门站最大年水量为 416.9 亿 m³,最小年水量为 142.8 亿 m³,二者比值为 2.92;最大年沙量为 15.78 亿 t,最小沙量为 0.80 亿 t,二者比值 19.73。四站最大年水量为 497.8 亿 m³,最小年水量为 169.9 亿 m³,二者比值为 2.93;最大年沙量为 21.04 亿 t,最小年沙量为 2.13 亿 t,二者比值 9.88。

表 3-2　未来黄河来沙 8 亿 t 情景各站水沙特征值(1956~2010 年系列)

水文站	径流量(亿 m³)			输沙量(亿 t)			含沙量(kg/m³)		
	汛期	非汛期	全年	汛期	非汛期	全年	汛期	非汛期	全年
下河沿	133.6	152.8	286.4	0.76	0.18	0.94	5.7	1.2	3.3
龙门	104.3	109.4	213.7	4.17	0.69	4.86	39.9	6.3	22.7
华县	28.5	17.1	45.6	2.41	0.18	2.59	84.6	10.3	56.7
河津	4.6	3.4	8.0	0.10	0.01	0.11	21.7	2.9	13.9
洑头	2.9	1.9	4.8	0.43	0.02	0.45	148.3	10.5	93.8
四站	140.3	131.8	272.1	7.11	0.90	8.01	50.7	6.8	29.4
黑石关	13.2	6.7	19.9	0.06	0	0.06	4.5	0	3.5
武陟	3.9	2.3	6.2	0.02	0	0.02	5.1	0	3.2

四站历年径流量、输沙量过程(来沙 8 亿 t 情景)见图 3-2。

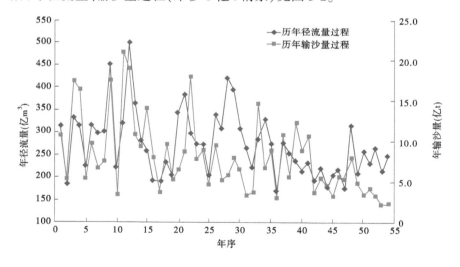

图 3-2　四站历年径流量、输沙量过程(来沙 8 亿 t 情景)

3.1.3.2　未来黄河来沙 6 亿 t 情景

结合《黄河古贤水利枢纽工程可行性研究报告》(黄河勘测规划设计研究院有限公司,2018 年 12 月)相关研究成果,未来黄河来沙 6 亿 t 情景方案,龙门站多年平均水量、沙量分别为 205.8 亿 m³、3.64 亿 t,其中汛期水量为 100.4 亿 m³,占全年总水量的 48.8%;

汛期沙量为 3.12 亿 t,占全年总沙量的 85.7%。汛期、全年含沙量分别为 31.1 kg/m³ 和 17.7 kg/m³,见表 3-3。

四站多年平均水量为 262.1 亿 m³,其中汛期水量为 135.1 亿 m³,占全年总水量的 51.6%;年平均沙量为 6.00 亿 t,汛期沙量为 5.33 亿 t,占全年总沙量的 88.8%。全年及汛期平均含沙量分别为 22.9 kg/m³ 和 39.5 kg/m³。

该系列龙门站最大年水量为 401.6 亿 m³,最小年水量为 137.6 亿 m³,二者比值为 2.92;最大年沙量为 11.83 亿 t,最小年沙量为 0.60 亿 t,二者比值为 19.72。四站最大年水量为 479.5 亿 m³,最小年水量为 163.6 亿 m³,二者比值为 2.93;最大年沙量为 15.78 亿 t,最小年沙量为 1.60 亿 t,二者比值为 9.87。

表 3-3　未来黄河来沙 6 亿 t 情景各站水沙特征值(1956~2010 年系列)

水文站	径流量(亿 m³)			输沙量(亿 t)			含沙量(kg/m³)		
	汛期	非汛期	全年	汛期	非汛期	全年	汛期	非汛期	全年
下河沿	133.6	152.8	286.4	0.76	0.18	0.94	5.7	1.2	3.3
龙门	100.4	105.4	205.8	3.12	0.52	3.64	31.1	4.9	17.7
华县	27.5	16.5	44.0	1.81	0.13	1.94	65.8	7.9	44.2
河津	4.4	3.2	7.6	0.08	0.01	0.09	18.2	3.1	10.5
洑头	2.8	1.8	4.6	0.32	0.02	0.34	114.3	11.1	73.9
四站	135.1	126.9	262.0	5.33	0.68	6.01	39.5	5.3	22.9
黑石关	13.2	6.7	19.9	0.06	0	0.06	4.5	0	3.5
武陟	3.9	2.3	6.2	0.02	0	0.02	5.1	0	3.2

四站历年径流量、输沙量过程(来沙 6 亿 t 情景)见图 3-3。

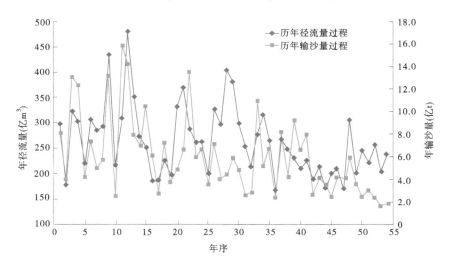

图 3-3　四站历年径流量、输沙量过程(来沙 6 亿 t 情景)

3.1.3.3 未来黄河来沙 3 亿 t 情景方案

对于黄河来沙量 3 亿 t 情景,该沙量体现黄河近一时期来沙量,可选取 2000 年以后实测水沙资料组成设计代表系列。2000～2015 年以来不同时期主要测站实测水沙量见表 3-4。2000 年以来四站实测径流量、输沙量过程见图 3-4。

表 3-4 2000～2015 年不同时段主要测站实测水沙量

水文站	时段	水量(亿 m³)			沙量(亿 t)			含沙量(kg/m³)		
		汛期	非汛期	全年	汛期	非汛期	全年	汛期	非汛期	全年
下河沿	2000～2015	113.0	149.4	262.4	0.29	0.09	0.38	2.6	0.6	1.4
龙门	2000～2015	77.9	106.3	184.2	1.2	0.3	1.5	15.4	2.8	7.6
华县	2000～2015	30.7	19.7	50.4	1.01	0.08	1.09	32.9	4.1	21.6
河津	2000～2015	2.6	2.0	4.6	0	0	0	0	0	0
洑头	2000～2015	3.1	1.8	4.9	0.15	0.01	0.16	48.4	5.6	32.7
四站	2000～2015	114.3	129.8	244.1	2.36	0.39	2.75	20.5	2.9	11.1
黑石关	2000～2015	10.1	8.5	18.6	0.01	0	0.01	1.0	0	0.5
武陟	2000～2015	3.5	1.4	4.9	0.01	0	0.01	2.9	0	2.0

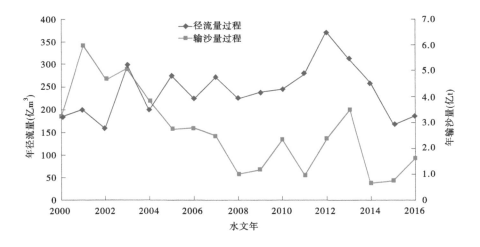

图 3-4 2000 年以来四站实测径流量、输沙量过程(来沙 3 亿 t 情景)

3.1.3.4 未来黄河来沙 1 亿 t 情景方案

根据 2000 年以来中游四站实测水沙资料,实测来沙量在 1 亿 t 左右的年份为 2008 年、2009 年、2011 年、2014 年、2015 年和 2016 年,年均水量为 225.44 亿 m³、年均沙量为

1.03 亿 t 作为该情景方案下四站来水量和来沙量。未来黄河来沙 1 亿 t 情景方案,可选取 2000 年以后实测水沙资料组成设计代表系列,根据实测来沙 1 亿 t 左右的水沙量,按比例对设计代表系列进行折算。2000~2016 年黄河中游四站实测水沙量见表 3-5。

表 3-5　2000~2016 年黄河中游四站实测水沙量

时段 （年-月）	水量（亿 m³）			沙量（亿 t）			含沙量（kg/m³）		
	汛期	非汛期	全年	汛期	非汛期	全年	汛期	非汛期	全年
2000-07~2001-06	83.29	100.70	183.99	2.88	0.31	3.19	34.58	3.08	17.34
2001-07~2002-06	68.69	130.24	198.93	4.02	1.94	5.96	58.52	14.90	29.96
2002-07~2003-06	66.06	92.88	158.94	4.29	0.36	4.65	64.94	3.88	29.26
2003-07~2004-06	164.65	133.41	298.06	4.68	0.38	5.06	28.42	2.85	16.98
2004-07~2005-06	81.54	116.66	198.20	3.37	0.45	3.82	41.33	3.86	19.27
2005-07~2006-06	124.71	150.88	275.59	2.42	0.32	2.74	19.41	2.12	9.94
2006-07~2007-06	102.18	121.08	223.26	2.41	0.38	2.79	23.59	3.14	12.50
2007-07~2008-06	128.46	143.64	272.10	2.05	0.42	2.47	15.96	2.92	9.08
2008-07~2009-06	87.44	137.60	225.04	0.78	0.24	1.02	8.92	1.74	4.53
2009-07~2010-06	89.69	149.16	238.85	0.96	0.22	1.18	10.70	1.47	4.94
2010-07~2011-06	126.01	119.02	245.03	2.19	0.15	2.34	17.38	1.26	9.55
2011-07~2012-06	128.53	149.44	277.97	0.82	0.15	0.97	6.38	1.00	3.49
2012-07~2013-06	220.68	151.85	372.53	2.16	0.19	2.35	9.79	1.25	6.31
2013-07~2014-06	171.68	139.18	310.86	3.38	0.10	3.48	19.69	0.72	11.19
2014-07~2015-06	116.48	141.25	257.73	0.52	0.11	0.63	4.46	0.78	2.44
2015-07~2016-06	67.10	99.47	166.57	0.59	0.17	0.76	8.79	1.71	4.56
2016-07~2017-06	82.93	103.53	186.46	1.51	0.14	1.65	18.21	1.35	8.85
多年平均	112.36	128.23	240.59	2.30	0.35	2.65	20.47	2.73	11.01

3.1.4　不同情景方案水沙代表系列选取

3.1.4.1　系列长度

水沙系列长度为 50 年。

3.1.4.2　选取原则

平均水沙量尽可能接近设计值,系列尽可能连续;选取的水沙代表系列应由尽量少的自然连续系列组合而成;选取的水沙系列应反映丰水平、平水年、枯水年的水沙变化情况。

3.1.4.3　不同情景方案水沙代表系列

1. 来沙 8 亿 t、来沙 6 亿 t 情景方案

1956~2009 年 54 年基本系列中,四站水量前 13 年处于连续偏丰时段;第 14~19 年,处于连续偏枯时段;第 20~35 年,处于连续平偏丰时段;第 36~54 年,处于连续偏枯时段。四站沙量前 15 年处于连续偏丰时段;第 16~41 年,处于连续平偏枯时段;第 42~54 年,处于连续偏枯时段,见图 3-5。

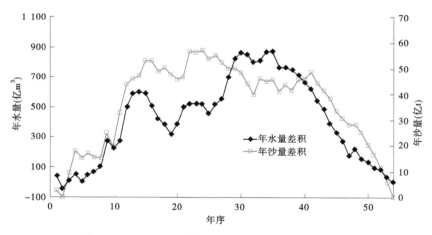

图 3-5　1956~2009 年基本系列四站水沙量差积曲线

本次从平均水沙量尽可能接近设计值、系列尽可能连续的角度考虑,选取 1959~2008 年 50 年设计水沙系列作为 8 亿 t、6 亿 t 情景方案的水沙代表系列。

主要控制站水沙量见表 3-6。宁蒙河段干流年水量 286.4 亿 m³、年沙量 0.94 亿 t,支流年沙量 0.61 亿 t,年风积沙 0.16 亿 t。来沙 8 亿 t 情景,四站年水量 272.29 亿 m³、年沙量 7.93 亿 t。来沙 6 亿 t 情景,四站年水量 262.28 亿 m³、年沙量 5.95 亿 t。

2. 来沙 3 亿 t 情景方案

2000~2013 年四站实测沙量 2.996 亿 t,与设计来沙 3 亿 t 情景最接近,因此直接选用 2000~2013 年实测 14 年系列连续循环 3 次+2002~2009 年组成 50 年系列作为该情景方案水沙代表系列。主要控制站水沙量见表 3-6,四站年水量 246.44 亿 m³、年沙量 2.99 亿 t。

表 3-6　主要控制站水沙量

河道及水文站		径流量(亿 m³)			输沙量(亿 t)		
		汛期	非汛期	全年	汛期	非汛期	全年
宁蒙河段	下河沿	133.6	152.8	286.4	0.76	0.18	0.94
	支流	4.05	2.92	6.97	0.56	0.05	0.61
	风积沙				0.027	0.133	0.16
中游四站	8 亿 t 情景	140.00	132.29	272.29	7.02	0.91	7.93
	6 亿 t 情景	134.85	127.43	262.28	5.27	0.68	5.95
	3 亿 t 情景	115.51	130.93	246.44	2.60	0.39	2.99
	1 亿 t 情景	105.07	120.38	225.45	0.88	0.15	1.03

3. 来沙 1 亿 t 情景方案

来沙 1 亿 t 情景方案年水量为 225.45 亿 m³,年均沙量为 1.03 亿 t。采用 2000~2016 年实测系列连续循环组成 50 年系列后,四站水量过程按设计年水量 225.45 亿 m³ 和 2000~2016 年实测系列年水量 240.59 亿 m³ 的比值折算,沙量过程按设计年沙量 1.0 亿 t 和 2000~2016 年实测系列年沙量 2.65 亿 t 的比值打折,作为该情景方案的水沙代表系列。

3.2　未来水库和河道冲淤演变趋势

利用黄河水库和河道泥沙冲淤计算数学模型开展未来水库和河道冲淤计算,预测未来水库和河道冲淤演变趋势。

3.2.1　宁蒙河段

利用一维泥沙冲淤计算模型,开展宁蒙河段泥沙冲淤计算。

3.2.1.1　模型验证

1. 验证范围

模型验证范围为下河沿至头道拐河段,计算河长为 990.3 km。黄河宁蒙河段自上而下有下河沿、青铜峡、石嘴山、磴口、巴彦高勒、三湖河口、昭君坟、头道拐 8 个水文站,宁夏河段的范围为下河沿至石嘴山河段,内蒙古河段的范围为石嘴山至头道拐河段。

2. 初始地形

下河沿至巴彦高勒河段缺少 1982 年实测大断面资料,但该河段 1982~1993 年冲淤变化不大(输沙率法冲淤量年均 0.16 亿 t),因此采用 1993 年实测大断面资料代替。验证计算共采用 304 个实测断面,断面间距为 0.09~7.75 km。

3. 水文资料

采用 1982~2012 年(水文年)作为验证时段。进口边界采用下河沿站实测水沙过程(见表 3-7);出口边界采用头道拐站水位流量关系;区间支流宁夏河段主要考虑清水河、红柳沟、清水沟、苦水河四条支流,内蒙古河段主要考虑十大孔兑(毛不拉、卜尔色、黑赖沟 3 条孔兑水沙集中处理在毛不拉沟口,西柳沟以下 7 条孔兑水沙集中处理在西柳沟口)、昆都仑河、五当沟等支流;区间引水按实际位置考虑,宁蒙河段引水口主要集中在青铜峡坝址(青铜峡水文站以上),以及三盛公闸前(巴彦高勒以上),宁夏河段在青铜峡库区附近断面设置引水引沙口,内蒙古河段在三盛公库区附近断面设置引水引沙口。

表 3-7　验证计算水沙条件(1982 年 7 月至 2013 年 6 月)

时间	水量(亿 m³)			沙量(亿 t)		
	7~10 月	11 月至次年 6 月	全年	7~10 月	11 月至次年 6 月	全年
下河沿	121.24	148.01	269.25	0.54	0.16	0.70
区间支流	3.76	3.26	7.02	0.56	0.05	0.61
引水引沙	76.97	70.59	147.56	0.35	0.10	0.45
退水	13.05	12.03	25.08	0.03	0.02	0.05
风积沙	—	—	—	0.03	0.13	0.16
合计	61.09	92.71	153.80	0.81	0.26	1.07

1982 年 7 月至 2013 年 6 月期间,宁蒙河段干流下河沿站年均来水来沙量分别为 269.25 亿 m³ 和 0.70 亿 t,区间支流年均来水来沙量分别为 7.02 亿 m³ 和 0.61 亿 t,引水渠年均引水引沙量分别为 147.56 亿 m³ 和 0.45 亿 t,排水渠年均退水量分别为 25.08 亿 m³ 和 0.05 亿 t,年均风积沙量为 0.16 亿 t。

4. 验证结果

宁蒙河段冲淤量实测值和计算值的对比见表 3-8 和图 3-6~图 3-9。根据实测输沙率法冲淤量计算结果:1982 年 7 月至 2013 年 6 月间宁蒙河段累计冲淤量为 15.42 亿 t,其中宁夏河段冲淤量为 1.74 亿 t,内蒙古河段冲淤量为 13.68 亿 t。根据数学模型计算结果,1982 年 7 月至 2013 年 6 月间宁蒙河段累计冲淤量为 14.91 亿 t,其中宁夏河段冲淤量为 2.42 亿 t,内蒙古河段冲淤量为 12.49 亿 t。计算冲淤量和实测冲淤量相比,数学模型计算宁蒙河段累计冲淤量计算值较实测值小 0.51 亿 t,其中宁夏河段计算值较实测值大 0.68 亿 t,内蒙古河段计算值较实测值小 1.19 亿 t,除宁夏河段外,相对误差在 10% 左右。

表 3-8　宁蒙河段冲淤量计算值和实测值对比(1982 年 7 月至 2013 年 6 月)

河段		实测值(亿 t)	计算值(亿 t)	差值(亿 t)
累计冲淤量	宁夏河段	1.74	2.42	0.68
	内蒙古河段	13.68	12.49	-1.19
	宁蒙河段	15.42	14.91	-0.51
年均冲淤量	宁夏河段	0.06	0.08	0.02
	内蒙古河段	0.44	0.40	-0.04
	宁蒙河段	0.50	0.48	-0.02

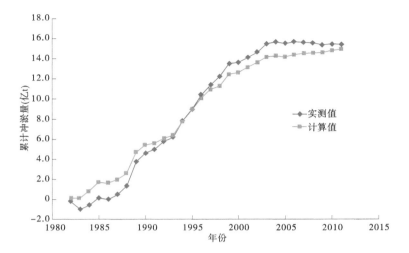

图 3-6 宁蒙河段冲淤量计算值和实测值对比

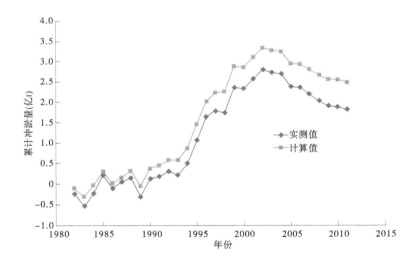

图 3-7 宁夏河段冲淤量计算值和实测值对比

表 3-9 给出了巴颜高勒至头道拐河段平滩流量计算值和实测值对比,可以看出,数学模型计算的河段平均平滩流量和河段最小平滩流量和实测成果基本吻合,误差最大为 340~400 m³/s,出现在 2004 年。

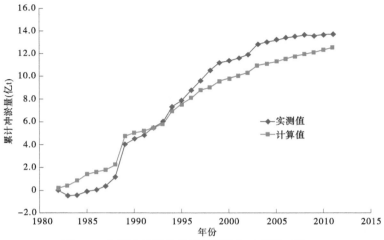

图 3-8 内蒙古河段冲淤量计算值和实测值对比

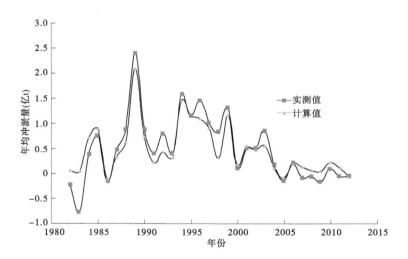

图 3-9 宁蒙河段逐年冲淤量计算值与实测值对比

表 3-9 巴颜高勒至头道拐河段平滩流量实测值与计算值对比 （单位：m³/s）

河段平滩流量	项目	1982 年	1991 年	2000 年	2004 年	2012 年
平均值	实测值	3 850	3 250	1 900	1 350	2 070
	计算值	3 850	3 210	2 030	1 750	1 920
	误差	0	−40	130	400	−150
最小值	实测值	2 790	2 470	1 730	930	1 590
	计算值	2 790	2 330	1 470	1 270	1 470
	误差	0	−140	−260	340	−120

图 3-10、图 3-11 给出了巴彦高勒、三湖河口断面平滩流量变化过程实测值与计算值对比。模型计算结果显示,20 世纪 80 年代初期巴彦高勒、三湖河口断面平滩流量为 4 500~5 000 m³/s,1986 年左右出现明显拐点,1990 年前后下降到 3 000~3 500 m³/s,2005 年前后降到 2 000 m³/s 以下。巴彦高勒、三湖河口断面平滩流量计算值和实测值分析结果变化趋势和绝对量基本一致,数学模型计算平滩流量变化幅度略大于实测结果。

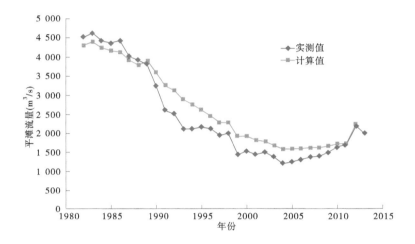

图 3-10　巴彦高勒断面平滩流量变化过程计算值与实测值对比

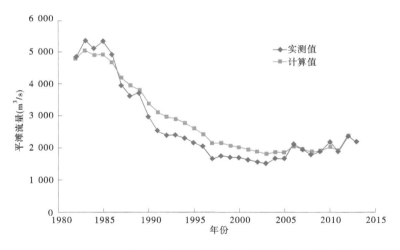

图 3-11　三湖河口断面平滩流量变化过程计算值与实测值对比

从河道冲淤和平滩流量验证结果可以看出,数学模型能够相对准确地反映宁蒙河段冲淤及中水河槽变化规律,说明数学模型基本原理正确,参数取值合理,可以用于宁蒙河段冲淤演变预测。

3.2.1.2　现状条件下宁蒙河段泥沙冲淤计算结果

采用 2012 年实测地形(最新实测资料),开展宁蒙河段泥沙冲淤计算。现状条件,未来 50 年,宁蒙河段年均淤积泥沙 0.59 亿 t,淤积主要集中在内蒙古河段,年均淤积量为 0.54 亿 t。随着河道的淤积,中水河槽逐渐萎缩,过流能力减小,最小平滩流量将由现状 1 600 m³/s 减小到 1 000 m³/s 左右(巴彦高勒至头道拐河段)。现状条件下宁蒙河段泥沙冲淤计算结果见图 3-12。

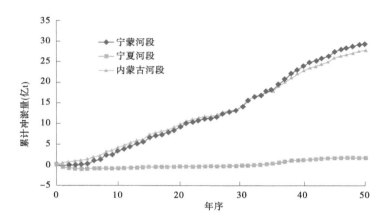

图 3-12　现状条件下宁蒙河段泥沙冲淤计算结果

3.2.1.3　调整龙羊峡水库、刘家峡水库对宁蒙河段冲淤的作用与影响

《黄河黑山峡河段开发功能定位论证项目专题报告》深入论证了调整龙羊峡水库、刘家峡水库运用方式的冲淤作用,提出减少水库汛期蓄水,并根据河道泥沙冲淤特性泄放大流量过程,对于减少宁蒙河段淤积、恢复中水河槽行洪输沙功能具有一定的作用。与现状运用方式相比,龙羊峡水库、刘家峡水库汛期少蓄水 25 亿~40 亿 m³ 方案,宁蒙河段年均减淤量为 0.16 亿~0.22 亿 t,平滩流量增加 240~420 m³/s,为 1 547~1 727 m³/s。

但是,调整龙羊峡水库、刘家峡水库运用方式也带来了不利影响,龙羊峡水库、刘家峡水库汛期增泄水量的增大将会影响龙羊峡水库的多年调节能力,造成流域内缺水量增加。与现状相比,龙羊峡水库、刘家峡水库汛期少蓄水 25 亿~30 亿 m³,多年平均河道外配置水量分别减少 6.0 亿~18.9 亿 m³,将严重影响黄河流域经济社会供水,同时使黄河干流梯级电站的发电效益特别是保证出力和非汛期电能指标减少较大,电站保证出力降低 323~1 766 MW,非汛期电量减少 67.5 亿~106.9 亿 kW·h,将影响西北电网调峰和"西电东送"的高峰期送电任务,严重影响电网的供电安全。除此之外,调整龙羊峡水库、刘家峡水库运用方式还涉及经济、社会等多方面因素,涉及管理体制的制约,实际操作起来非常困难。

3.2.1.4　合理性分析

《黄河黑山峡河段开发功能定位论证项目专题报告》中计算了 162 年的水沙值(见表 3-10),水沙数学模型计算结果显示宁夏河段、内蒙古河段与宁蒙河段年均淤积量分别为 0.07 亿 t、0.57 亿 t 和 0.64 亿 t。

表 3-10　不同计算成果对比

方案	时间	下河沿						支流		宁蒙河段年均冲淤量（亿 t）
		水量（亿 m³）			沙量（亿 t）			水量（亿 m³）	沙量（亿 t）	
		汛期	非汛期	全年	汛期	非汛期	全年			
1952 年 7 月至 2015 年 6 月实测	63 年	153.4	143.1	296.5	0.98	0.18	1.16	4.84	0.34	0.445
黄河黑山峡河段开发功能定位论证专题	162 年	127.43	158.8	286.23	0.76	0.18	0.94	6.97	0.61	0.64
本次计算	50 年	134.17	152.85	287.02	0.78	0.19	0.97	7.08	0.60	0.59

根据 1952 年 7 月至 2015 年 6 月实测资料统计,宁夏河段、内蒙古河段与宁蒙河段年均淤积量分别为 0.053 亿 t、0.393 亿 t 和 0.445 亿 t。

本次设计采用的是 1959~2008 年水沙系列,未来 50 年年均进入宁蒙河段的沙量为 1.76 亿 t(干流、支流及风积沙),计算宁夏河段、内蒙古河段与宁蒙河段年均淤积量分别为 0.05 亿 t、0.54 亿 t 和 0.59 亿 t。计算系列头道拐站汛期水量 97 亿 m³,非汛期水量 107 亿 m³;根据汛期、非汛期输沙关系(见图 3-13 和图 3-14),头道拐站汛期可输沙 0.5 亿 t,非汛期可输沙 0.25 亿 t,区间引沙量约 0.40 亿 t,则河道淤积 0.6 亿 t 左右,和计算结果接近。

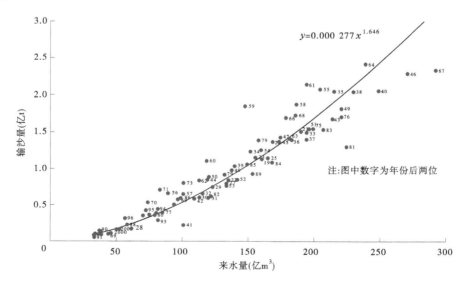

图 3-13　头道拐站汛期水量输沙量关系

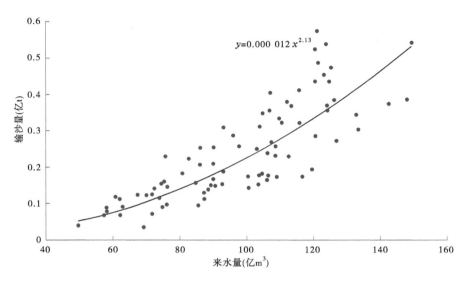

图 3-14　头道拐站非汛期水量输沙量关系

综上,本次宁蒙河段泥沙冲淤计算结果是合理的。

3.2.2　小北干流和渭河下游

利用渭河下游(咸阳至渭河口)、小北干流(黄淤 68 断面至潼关)、三门峡库区(潼关至黄淤 1 断面)汇流区河段一维泥沙冲淤计算模型,开展不同情景方案小北干流和渭河下游泥沙冲淤计算。

3.2.2.1　模型验证

1.验证资料

地形资料:采用渭河下游、小北干流以及三门峡库区 1991 年汛后实测大断面资料。

水文资料:采用 1991 年 9 月 1 日至 2005 年 12 月 31 日龙门、河津、咸阳、张家山和㴔头等站的逐日水沙资料作为验证计算的水文资料。验证计算水沙条件统计见表 3-11。

表 3-11　验证计算水沙条件统计

测站	时段	水量(亿 m³)			沙量(亿 t)		
		7~10 月	11 月至次年 6 月	7 月至次年 6 月	7~10 月	11 月至次年 6 月	7 月至次年 6 月
咸阳	1991~1999 年	10.719	9.611	20.330	0.103	0.314	0.417
	1999~2005 年	6.047	13.042	19.089	0.039	0.320	0.359
	1991~2005 年	8.717	11.081	19.798	0.076	0.316	0.392
张家山	1991~1999 年	5.828	7.926	13.754	0.259	1.944	2.203
	1999~2005 年	3.651	6.702	10.353	0.180	1.267	1.447
	1991~2005 年	4.895	7.402	12.297	0.225	1.654	1.879

续表 3-11

测站	时段	水量（亿 m³）			沙量（亿 t）		
		7~10 月	11 月至 次年 6 月	7 月至 次年 6 月	7~10 月	11 月至 次年 6 月	7 月至 次年 6 月
龙门	1991~1999 年	116.084	79.326	195.410	1.026	4.491	5.517
	1999~2005 年	97.471	61.693	159.164	0.532	1.882	2.414
	1991~2005 年	108.107	71.769	179.876	0.814	3.373	4.187
湫头	1991~1999 年	3.908	2.808	6.716	0.850	0.018	0.868
	1999~2005 年	3.810	2.599	6.409	0.427	0.040	0.467
	1991~2005 年	3.866	2.719	6.585	0.669	0.027	0.696
河津	1991~1999 年	1.509	3.257	4.766	0.001	0.030	0.031
	1999~2005 年	1.431	2.059	3.490	0	0.045	0.045
	1991~2005 年	1.478	2.778	4.256	0.001	0.036	0.037

2. 验证成果

表 3-12、图 3-15~图 3-17 给出了冲淤量计算值与实测值的对比，数学模型计算所得的冲淤量和实测成果基本一致，除三门峡库区由于冲淤幅度较小相对误差较大外，其余两个河段累计冲淤量计算误差均不超过 16%。

表 3-12　1991~2005 年期间计算河段累计冲淤量验证成果

河段	实测值（亿 t）	计算值（亿 t）	相对误差（%）
小北干流	3.52	4.06	15.34
三门峡库区	-0.33	-0.68	—
渭河下游	4.46	4.60	3.14

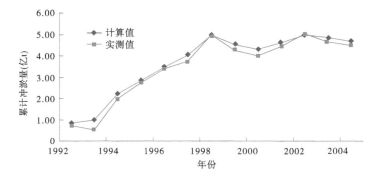

图 3-15　黄淤 68 至黄淤 41 河段冲淤验证成果

续表 3-13

情景	水文站	水量				沙量			
		汛期（亿 m³）	非汛期（亿 m³）	全年（亿 m³）	占四站比例（%）	汛期（亿 t）	非汛期（亿 t）	全年（亿 t）	占四站比例（%）
6亿 t	龙门	100.46	105.81	206.27	78.60	3.09	0.52	3.61	60.70
	华县	27.31	16.52	43.83	16.70	1.79	0.14	1.93	32.40
	河津	4.29	3.22	7.51	2.90	0.07	0.01	0.08	1.30
	洑头	2.80	1.88	4.68	1.80	0.31	0.02	0.33	5.60
	四站	134.85	127.43	262.28	100.00	5.27	0.68	5.95	100.00
3亿 t	龙门	77.49	108.36	185.85	75.40	1.28	0.30	1.58	52.90
	华县	32.29	18.77	51.06	20.70	1.15	0.08	1.23	41.00
	河津	2.53	1.89	4.42	1.80	0	0	0	0.10
	洑头	3.20	1.91	5.11	2.10	0.17	0.01	0.18	6.00
	四站	115.51	130.93	246.44	100.00	2.60	0.39	2.99	100.00
1亿 t	龙门	71.73	98.64	170.37	75.6	0.44	0.11	0.55	53.4
	华县	28.16	18.17	46.33	20.6	0.38	0.03	0.41	39.8
	河津	2.33	1.84	4.17	1.8	0	0	0	0.1
	洑头	2.84	1.73	4.57	2.0	0.06	0	0.06	6.8
	四站	105.07	120.38	225.45	100.0	0.88	0.15	1.03	100.0

2. 计算结果

不同水沙情景方案,小北干流河段冲淤变化过程见图 3-18。

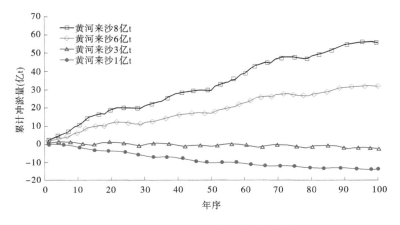

图 3-18　小北干流河道累计淤积量过程

黄河来沙 8 亿 t 情景方案,干流龙门、支流汾河河津站合计年均水、沙量分别为 221.93 亿 m³、4.92 亿 t,其中汛期水、沙量分别为 108.74 亿 m³、4.22 亿 t,分别占年水沙量的 49%、85.8%。计算期 100 年末河道累计淤积泥沙 55.86 亿 t,年均淤积 0.56 亿 t。

黄河来沙 6 亿 t 情景方案,干流龙门、支流汾河河津站合计年均水、沙量分别为 213.78 亿 m³、3.69 亿 t,其中汛期水沙量分别为 104.75 亿 m³、3.16 亿 t,分别占年水沙量的 49%、85.6%。计算期 100 年末河道累计淤积泥沙 31.64 亿 t,年均淤积 0.32 亿 t。

黄河来沙 3 亿 t 情景方案,干流龙门、支流汾河河津站合计年均水、沙量分别为 190.27 亿 m³、1.58 亿 t,其中汛期水、沙量分别为 80.02 亿 m³、1.28 亿 t,分别占年水沙量的 42%、81%。计算期 100 年末河道微冲,年均冲刷泥沙 0.03 亿 t。

黄河来沙 1 亿 t 情景方案,干流龙门、支流汾河河津站合计年均水、沙量分别为 174.54 亿 m³、0.55 亿 t,其中汛期水沙量分别为 74.06 亿 m³、0.44 亿 t,分别占年水沙量的 42.1%、83.6%。计算期 100 年末河道累计冲刷泥沙 14.02 亿 t,年均冲刷泥沙 0.14 亿 t。

3.合理性分析

1)与实测资料对比

分析实测资料,1984~2000 年"龙门+河津"实测年均来水、来沙量分别为 218.55 亿 m³、4.82 亿 t,小北干流河道年均淤积 0.52 亿 t,本次 8 亿 t 情景方案水沙量与该时段相当,计算的年均淤积量 0.56 亿 t 与该时段实测值接近。1984~2010 年"龙门+河津"实测年均来水来沙量分别为 204.45 亿 m³、3.64 亿 t,小北干流河道年均淤积 0.26 亿 t,本次来沙 6 亿 t 情景方案水、沙量与该时段相当,计算的年均淤积量 0.32 亿 t 与该时段实测值接近。2000~2013 年"龙门+河津"实测年均来水、来沙量分别为 191.83 亿 m³、1.60 亿 t,小北干流河道年均冲刷量为 0.16 亿 t,本次来沙 3 亿 t 情景方案水沙量与该时段相当;计算的年均冲刷 0.03 亿 t,考虑到随着冲刷的发展,河道床沙变粗,年均冲刷量减小是合理的。2008 年、2009 年、2011 年、2014 年、2015 年和 2016 年黄河中游四站来沙量为 1 亿 t 左右,其中"龙门+河津"年均水量为 174.67 亿 m³,年均沙量为 0.59 亿 t,小北干流年均冲刷 0.15 亿 t,本次来沙 1 亿 t 情景方案计算的年均冲刷量 0.14 亿 t 基本合理。

2)与现有研究成果对比

《黄河黑山峡河段开发功能定位论证项目专题报告》计算了"龙门+河津"设计来沙 4.96 亿 t、3.72 亿 t 方案,与本次来沙 8 亿 t、6 亿 t 情景方案来沙量相当。《黄河黑山峡河段开发功能定位论证项目专题报告》计算结果表明,两种水沙情景下,小北干流河段计算 162 年年均淤积量分别为 0.50 亿 t、0.43 亿 t(见表 3-14)。本次计算成果 0.56 亿 t、0.32 亿 t 与已有成果接近。

已通过水利部水利水电规划设计总院技术审查的《黄河古贤水利枢纽工程可行性研究报告》计算了四站来沙 8 亿 t、6 亿 t 情景方案,小北干流河段计算 73 年年均淤积量分别为 0.44 亿 t、0.27 亿 t(表 3-14)。本次计算成果和该成果相差不大。

表 3-14　小北干流河段年均冲淤量与已有研究成果对比

情景方案	成果	小北干流河道冲淤量 （亿 t）
8 亿 t	本次计算	0.56
	《黄河黑山峡河段开发功能定位论证项目专题报告》	0.50
	《黄河古贤水利枢纽工程可行性研究报告》	0.44
	水沙量相近的实测系列平均（1984～2000 年）	0.52
6 亿 t	本次计算	0.32
	《黄河黑山峡河段开发功能定位论证项目专题报告》	0.43
	《黄河古贤水利枢纽工程可行性研究报告》	0.27
	水沙量相近的实测系列平均（1984～2010 年）	0.26
3 亿 t	本次计算	−0.03
	水沙量相近的实测系列平均（2000～2013 年）	−0.16
1 亿 t	本次计算	−0.14
	水沙量相近的实测典型年平均 （仅发生在 2008 年、2009 年、2011 年、2014～2016 年）	−0.15

3.2.2.3　渭河下游河道泥沙冲淤计算结果

1. 计算条件

采用 2017 年实测地形,开展渭河下游河道泥沙冲淤计算,计算期为 100 年。不同水沙情景方案,进入渭河下游河道设计水沙量见表 3-15。

表 3-15　进入渭河下游河道设计水沙量

情景	水文站	水量				沙量			
		汛期 （亿 m³）	非汛期 （亿 m³）	全年 （亿 m³）	占四站比例 （%）	汛期 （亿 t）	非汛期 （亿 t）	全年 （亿 t）	占四站比例 （%）
8 亿 t	龙门	104.29	109.85	214.14	78.60	4.12	0.69	4.81	60.60
	华县	28.35	17.15	45.50	16.70	2.39	0.18	2.57	32.40
	河津	4.45	3.34	7.79	2.90	0.10	0.01	0.11	1.40
	洑头	2.91	1.95	4.86	1.80	0.42	0.03	0.45	5.60
	四站	140.00	132.29	272.29	100.00	7.03	0.91	7.94	100.00

续表 3-15

情景	水文站	水量				沙量			
		汛期 （亿 m³）	非汛期 （亿 m³）	全年 （亿 m³）	占四站比例 （%）	汛期 （亿 t）	非汛期 （亿 t）	全年 （亿 t）	占四站比例 （%）
6 亿 t	龙门	100.46	105.81	206.27	78.60	3.09	0.52	3.61	60.70
	华县	27.31	16.52	43.83	16.70	1.79	0.14	1.93	32.40
	河津	4.29	3.22	7.51	2.90	0.07	0.01	0.08	1.30
	湫头	2.80	1.88	4.68	1.80	0.31	0.02	0.33	5.60
	四站	134.85	127.43	262.28	100.00	5.27	0.68	5.95	100.00
3 亿 t	龙门	77.49	108.36	185.85	75.40	1.28	0.30	1.58	52.90
	华县	32.29	18.77	51.06	20.70	1.15	0.08	1.23	41.10
	河津	2.53	1.89	4.42	1.80	0	0	0	0.10
	湫头	3.20	1.91	5.11	2.10	0.17	0.01	0.18	6.00
	四站	115.51	130.93	246.44	100.00	2.60	0.39	2.99	100.00
1 亿 t	龙门	71.73	98.64	170.37	75.6	0.44	0.11	0.55	53.9
	华县	28.16	18.17	46.33	20.6	0.38	0.03	0.41	40.2
	河津	2.33	1.84	4.17	1.8	0	0	0	0.1
	湫头	2.84	1.73	4.57	2.0	0.06	0	0.06	5.9
	四站	105.07	120.38	225.45	100.0	0.88	0.14	1.02	100.0

2. 计算结果

1）渭河下游河段冲淤变化过程

不同水沙情景方案，渭河下游河道冲淤变化过程见图 3-19。

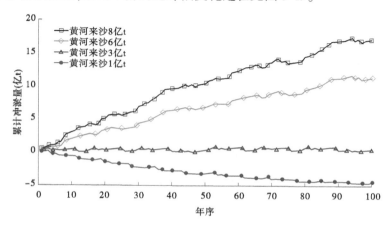

图 3-19   渭河下游河道冲淤变化过程

　　黄河来沙 8 亿 t 情景方案,渭河华县站年均水、沙量分别为 45.50 亿 m³、2.57 亿 t,其中汛期水、沙量分别为 28.35 亿 m³、2.39 亿 t,分别占年水、沙量的 62.3%、93.0%。计算期 100 年末河道累计淤积泥沙 17.10 亿 t,年均淤积 0.17 亿 t。

　　黄河来沙 6 亿 t 情景方案,渭河华县站年均水、沙量分别为 43.83 亿 m³、1.93 亿 t,其中汛期水沙量分别为 27.31 亿 m³、1.79 亿 t,分别占年水沙量的 62.3%、92.7%。计算期 100 年末河道累计淤积泥沙 11.28 亿 t,年均淤积 0.11 亿 t。

　　黄河来沙 3 亿 t 情景方案,渭河华县站年均水、沙量分别为 51.06 亿 m³、1.23 亿 t,其中汛期水沙量分别为 32.29 亿 m³、1.15 亿 t,分别占年水沙量的 63.2%、93.5%。河道微淤,年均淤积 0.004 亿 t。

　　黄河来沙 1 亿 t 情景方案,渭河华县站年均水、沙量分别为 46.33 亿 m³、0.41 亿 t,其中汛期水沙量分别为 28.16 亿 m³、0.38 亿 t,分别占年水沙量的 60.8%、92.7%。计算期 100 年末河道累计冲刷泥沙 4.59 亿 t,年均冲刷 0.05 亿 t。

2) 潼关高程

　　黄河来沙 8 亿 t 情景方案,潼关高程淤积抬升,年均抬升 0.009 m;黄河来沙 6 亿 t 情景方案,潼关高程淤积抬升,年均抬升 0.006 m;黄河来沙 3 亿 t 情景方案,潼关高程基本维持在 328 m 附近;黄河来沙 1 亿 t 情景方案,汛期来水量和大流量过程较少,对潼关高程冲刷作用有限,潼关高程略有降低。潼关高程变化过程见图 3-20。

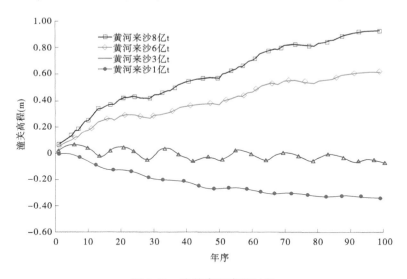

图 3-20　潼关高程变化过程

3. 合理性分析

1) 与实测资料对比

　　在实测水沙中选取水沙量与本次计算水沙情景接近的年份,进行对比分析,结果见表 3-16。

　　1985~2002 年华县站实测年均来水、来沙量分别为 47.86 亿 m³、2.55 亿 t,渭河下游河道年均淤积 0.29 亿 t,本次来沙 8 亿 t 情景方案水沙量与该时段相当,计算的年均淤积量为 0.17 亿 t。

表 3-16　渭河下游河道年均冲淤量合理性分析

情景方案	成果	华县站				渭河下游河道年均冲淤量(亿 t)
		水量(亿 m³)		沙量(亿 t)		
		汛期	全年	汛期	全年	
8 亿 t	本次计算	28.35	45.50	2.39	2.57	0.17
	水沙量相近的实测系列平均(实测 1985~2002 年)	28.02	47.86	2.18	2.55	0.29
6 亿 t	本次计算	27.31	43.83	1.79	1.93	0.11
	水沙量相近的实测系列平均(实测 1988~2010 年)	28.66	47.23	1.73	1.96	0.21
3 亿 t	本次计算	32.29	51.06	1.15	1.23	0.004
	水沙量相近的实测系列平均(实测 1996~2015 年)	27.90	46.41	1.08	1.21	0.05
1 亿 t	本次计算	28.16	46.33	0.38	0.41	-0.05
	水沙量相近的实测年平均(实测 2008 年、2009 年、2012 年、2014 年、2015 年)	21.68	43.62	0.38	0.42	-0.14

　　1988~2010 年华县站实测年均来水、来沙量分别为 47.23 亿 m³、1.96 亿 t,渭河下游河道年均淤积 0.21 亿 t,本次 6 亿 t 情景方案水沙量与该时段相当,计算的年均淤积量为 0.11 亿 t。

　　1996~2015 年华县站实测年均来水、来沙量分别为 46.41 亿 m³、1.21 亿 t,渭河下游河道年均淤积 0.05 亿 t,本次 6 亿 t 情景方案水沙量与该时段相当,计算的河道微淤。

　　2008 年、2009 年、2012 年、2014 年、2015 年华县站实测年均来水、来沙量分别为 43.62 亿 m³、0.42 亿 t,渭河下游河道年均冲刷 0.14 亿 t,本次 1 亿 t 情景方案水沙量与该时段相当;计算的河道年均冲刷 0.05 亿 t,考虑到随着冲刷的发展,河道床沙变粗,年均冲刷量减小是合理的。

　　2)与现有研究成果对比

　　通过水利部水利水电规划设计总院已审查的《泾河东庄水利枢纽工程初步设计报告》计算了 2000~2015 年实测翻番 50 年系列渭河下游河道冲淤变化结果。结果表明,东庄水库拦沙期为 30 年,水库运用前 20 年,咸阳+张家山站水量为 34.30 亿 m³,沙量为 0.32 亿 t,渭河下游河道年均冲刷泥沙 0.15 亿 t;水库运用前 40 年,咸阳+张家山站水量为 32.66 亿 m³,沙量为 0.53 亿 t,渭河下游河道年均冲刷泥沙 0.09 亿 t。本次 1 亿 t 情景方案,咸阳+张家山站水量 45.91 亿 m³,沙量为 0.42 亿 t,渭河下游河道年均冲刷泥沙 0.07 亿 t,与东庄初步设计成果接近,见表 3-17。

表 3-17　渭河下游河道年均冲淤量合理性分析　　　　　　（单位：亿 t）

成果	东庄投入运行后	咸阳+张家山 水量(亿 m³)	咸阳+张家山 沙量(亿 t)	渭河下游冲淤 (亿 t)
东庄初步设计成果 （2000 年实测系列）	1~20 年均	34.30	0.32	−0.15
	21~40 年均	31.02	0.75	−0.03
	1~40 年均	32.66	0.53	−0.09
本次成果（前 40 年）		45.91	0.42	−0.07

3.2.3　三门峡水库

近年来，三门峡水库汛期敞泄排沙，运用水位按 305 m 控制，非汛期最高运用水位不超过 318 m，水库基本冲淤平衡。

本次采用 2017 年实测地形，开展了三门峡水库泥沙冲淤计算，计算期为 100 年。不同水沙情景方案水库泥沙冲淤计算结果见图 3-21。由图 3-21 可知，不同水沙情景方案，三门峡水库基本冲淤平衡。

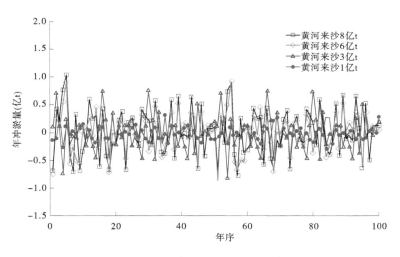

图 3-21　三门峡水库泥沙冲淤计算结果

3.2.4　小浪底水库

利用一维泥沙冲淤计算模型，开展不同情景方案小浪底水库泥沙冲淤计算。

3.2.4.1　模型验证

采用小浪底水库 1999 年 7 月至 2017 年 6 月实测入出库水沙过程，对模型进行验证。

1. 水库冲淤量

1999 年 7 月至 2017 年 6 月，小浪底水库实测断面法冲淤量为 32.10 亿 m³，数学模型计算冲淤量为 34.98 亿 m³，误差约为 9%。计算值与实测值对比情况见图 3-22。

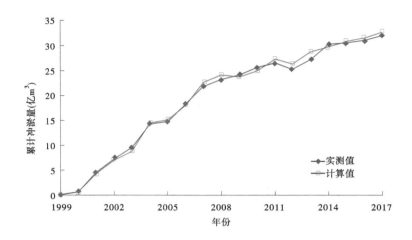

图 3-22　小浪底水库库区累计冲淤量计算值与实测值对比

2. 水库淤积形态

数学模型计算的库区淤积形态计算值与实测值对比见图 3-23。由图 3-23 可知,模型能够模拟小浪底水库库区冲淤变化过程,与实测资料符合良好。

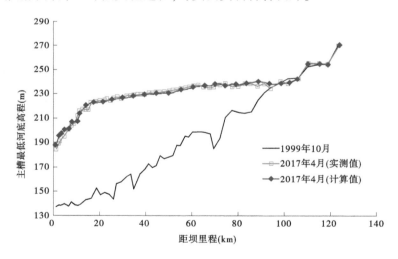

图 3-23　小浪底水库库区淤积形态计算值与实测值对比

3.2.4.2　小浪底水库泥沙冲淤计算结果

1. 计算条件

采用 2017 年实测地形,开展小浪底水库泥沙冲淤计算,计算期为 100 年。不同水沙情景方案,进入小浪底库区的水沙量见表 3-18。

表 3-18　不同水沙情景方案进入小浪底库区的水沙量

情景	时段	水量				沙量			
		7~10 月（亿 m³）	11 月至次年 6 月（亿 m³）	全年（亿 m³）	汛期占比（%）	7~10 月（亿 t）	11 月至次年 6 月（亿 t）	全年（亿 t）	汛期占比（%）
8 亿 t	1~50 年	132.36	120.06	252.41	52.44	6.81	0.30	7.11	95.73
	50~100 年	132.36	120.06	252.42	52.44	6.96	0.31	7.27	95.68
	1~100 年	132.36	120.06	252.42	52.44	6.89	0.31	7.20	95.70
6 亿 t	1~50 年	127.31	115.27	242.58	52.48	5.23	0.23	5.46	95.71
	50~100 年	127.31	115.27	242.58	52.48	5.32	0.24	5.56	95.69
	1~100 年	127.31	115.27	242.58	52.48	5.28	0.24	5.52	95.70
3 亿 t	1~50 年	108.80	118.05	226.85	47.96	2.86	0.16	3.02	94.66
	50~100 年	108.79	118.05	226.84	47.96	2.86	0.16	3.02	94.67
	1~100 年	108.79	118.05	226.84	47.96	2.86	0.16	3.02	94.66
1 亿 t	1~50 年	97.56	106.54	204.10	47.80	1.26	0.08	1.34	94.06
	50~100 年	97.59	106.54	204.13	47.81	1.10	0.07	1.17	94.44
	1~100 年	97.57	106.54	204.11	47.80	1.18	0.07	1.25	94.24

2. 计算结果

不同水沙情景方案小浪底水库泥沙冲淤变化过程见图 3-24。

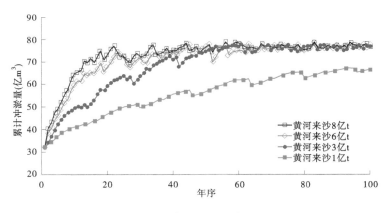

图 3-24　小浪底水库累计冲淤过程

来沙 8 亿 t 情景方案,小浪底水库剩余拦沙库容淤满时间为计算第 13 年即 2030 年,未来拦沙期 13 年内水库年均淤积量为 3.33 亿 m³。

来沙 6 亿 t 情景方案,小浪底水库剩余拦沙库容淤满时间为计算第 20 年即 2037 年,未来拦沙期 20 年内水库年均淤积量为 2.17 亿 m³。

来沙 3 亿 t 情景方案,小浪底水库剩余拦沙库容淤满时间为计算第 43 年即 2060 年,未来拦沙期 43 年内水库年均淤积量为 1.01 亿 m³。

来沙 1 亿 t 情景方案,计算期 100 年末水库即将拦满,未来水库年均淤积量为 0.40 亿 m³。

3.2.5　下游河道

3.2.5.1　未来河道冲淤演变趋势

利用下游河道一维泥沙冲淤计算模型,开展不同来沙情景方案下游河道泥沙冲淤计算。

1. 模型验证

1) 验证河段基本情况

一维模型验证采用黄河下游铁谢至河口河段,该河段全长约 830 km。主要控制站有花园口、夹河滩、高村、孙口、艾山、泺口、利津等。

2) 验证资料

地形资料:采用黄河下游铁谢至河口河段 1976 年实测大断面资料,1976 年黄河下游铁谢至河口河段共有 104 个实测大断面,平均断面间距约 8.3 km。

水文资料:采用 1976~2010 年小浪底实测水沙及黄河下游沿岸引水引沙资料作为验证计算的水文资料。1976 年 7 月至 1999 年 6 月,进入黄河下游水量 343.55 亿 m³,沙量 9.35 亿 t;1999 年 7 月至 2010 年 6 月,进入黄河下游水量 231.1 亿 m³,沙量 0.93 亿 t。

河道冲淤:1976~2010 年黄河下游利津以上河段累计淤积泥沙 16.84 亿 t,其中 1976~1999 年淤积 35.96 亿 t,年均淤积量为 1.56 亿 t,2000 年小浪底水库投运后至 2010 年利津以上河段累计冲刷 19.12 亿 t,年均冲刷 1.74 亿 t。

3) 验证结果

表 3-19 给出了 1976~1999 年冲淤量计算值与实测值的对比。从计算结果来看,数学模型计算成果和实测成果吻合较好,除部分河段由于冲淤量较小,相对误差较大外,其他河段冲淤量误差均在 20% 以内。

表 3-19　1976~2010 年期间计算河段累计冲淤量验证成果

时段	河段	实测值(亿 t)	计算值(亿 t)	误差(亿 t)	相对误差(%)
1976~1999 年	花园口以上	4.16	4.35	0.19	4.57
	花园口至高村	20.62	20.76	0.14	0.68
	高村至艾山	7.89	7.70	-0.19	-2.41
	艾山至利津	3.29	3.26	-0.03	-0.91
	利津以上	35.96	36.07	0.11	0.31
	利津至河口	0.26	0.23	-0.03	-11.54
1999~2010 年	花园口以上	-4.93	-4.90	0.03	-0.61
	花园口至高村	-8.59	-8.44	0.15	-1.75
	高村至艾山	-2.71	-2.68	0.03	-1.11
	艾山至利津	-2.88	-2.85	0.03	-1.04
	利津以上	-19.12	-18.87	0.25	-1.31
	利津至河口	-0.36	-0.37	-0.01	2.78

续表 3-19

时段	河段	实测值（亿 t）	计算值（亿 t）	误差（亿 t）	相对误差（%）
	花园口以上	−0.77	−0.55	0.22	−28.57
	花园口至高村	12.03	12.32	0.29	2.41
1976~2010 年	高村至艾山	5.18	5.02	−0.16	−3.09
	艾山至利津	0.41	0.41	0	0
	利津以上	16.84	17.20	0.36	2.14
	利津至河口	−0.10	−0.14	−0.04	—

2. 下游河道泥沙冲淤计算结果

1）计算条件

采用 2018 年实测地形，开展黄河下游河道泥沙冲淤计算，计算期为 100 年。不同水沙情景方案，进入黄河下游河道设计水沙量见表 3-20。

表 3-20　不同水沙情景方案进入黄河下游河道设计水沙量

情景	时段	水量				沙量			
		7~10 月（亿 m³）	11 月至次年 6 月（亿 m³）	全年（亿 m³）	汛期占比（%）	7~10 月（亿 t）	11 月至次年 6 月（亿 t）	全年（亿 t）	汛期占比（%）
8 亿 t	1~50 年	140.81	136.97	277.78	50.7	5.89	0.01	5.90	99.8
	50~100 年	146.40	131.92	278.32	52.6	7.19	0.01	7.20	99.9
	1~100 年	143.61	134.44	278.05	51.6	6.54	0.01	6.55	99.8
6 亿 t	1~50 年	133.39	134.55	267.94	49.8	4.26	0.01	4.27	99.8
	50~100 年	140.14	127.98	268.12	52.3	5.50	0.01	5.51	99.8
	1~100 年	136.77	131.26	268.03	51.0	4.88	0.01	4.89	99.8
3 亿 t	1~50 年	109.83	141.72	251.55	43.7	1.84	0	1.84	99.8
	50~100 年	120.79	131.01	251.80	48.0	2.84	0	2.84	99.9
	1~100 年	115.31	136.37	251.68	45.8	2.34	0	2.34	99.8
1 亿 t	1~50 年	88.44	138.91	227.35	38.9	0.68	0	0.68	99.8
	50~100 年	97.73	129.62	227.35	43.0	0.89	0	0.89	99.9
	1~100 年	93.08	134.26	227.34	40.9	0.79	0	0.79	99.8

2）计算结果

不同水沙情景方案，黄河下游河道泥沙冲淤变化过程见图 3-25，平滩流量计算结果见

图 3-26。

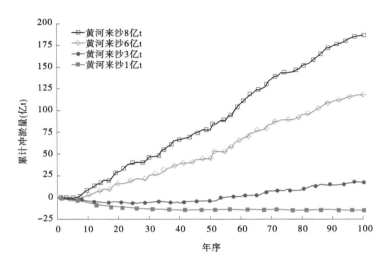

图 3-25　不同水沙情景方案黄河下游河道泥沙冲淤变化过程

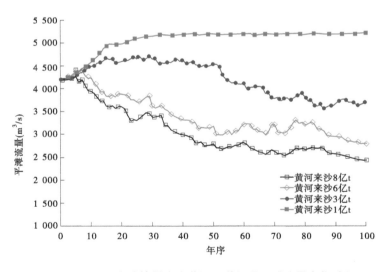

图 3-26　不同水沙情景方案黄河下游河道平滩流量变化过程

　　来沙 8 亿 t 情景方案,小浪底水库 2030 年淤满,淤满后 50 年内下游河道年均淤积 2.04 亿 t,随着下游河道淤积最小平滩流量将降低至 2 440 m³/s。

　　来沙 6 亿 t 情景方案,小浪底水库 2037 年淤满,淤满后 50 年内下游河道年均淤积 1.37 亿 t,随着下游河道淤积最小平滩流量将降低至 2 800 m³/s。

　　来沙 3 亿 t 情景方案,小浪底水库 2060 年淤满,淤满后 50 年内下游河道年均淤积泥沙 0.37 亿 t,拦沙库容淤满至计算期末,下游河道平滩流量减小约 900 m³/s。

来沙 1 亿 t 情景方案,小浪底水库计算期 100 年内即将淤满,计算期末下游河道累计冲刷 14.79 亿 t。统计来沙 1 亿 t 计算得到的下游各河段累计冲淤量见表 3-21,计算期末,花园口以上、花园口至高村河段累计冲刷量分别为 4.01 亿 t、10.58 亿 t,高村至艾山河段累计淤积 3.18 亿 t,艾山至利津累计冲刷 3.38 亿 t。最小平滩流量出现在高村至艾山的卡口河段,随着该河段淤积,河道最小平滩流量减少。

表 3-21　黄河来沙 1 亿 t 下游河道累计分段淤积量　　　　　(单位:亿 t)

计算时段	花园口以上	花园口至高村	高村至艾山	艾山至利津	利津以上
第 50 年	−3.80	−8.26	0.91	−3.21	−14.36
第 100 年	−4.01	−10.58	3.18	−3.38	−14.79

3.2.5.2　未来河道河势变化分析

1. 近期河势变化

1) 白鹤至伊洛河口河段

20 世纪 90 年代随着小浪底水利枢纽移民安置区的建设,在白鹤至伊洛河口河段修建有温孟滩移民防护堤,连接逯村、开仪、化工、大玉兰四处控导工程,构成现在温孟滩移民安置的防护工程体系,大大减少了大洪水的漫滩范围,主流摆幅较小。

该河段最新河势表现为:出现河势下挫、横河。受洛阳黄河公路大桥和二广高速洛阳黄河大桥的影响,河出铁谢险工后,在逯村工程前坐弯,逯村工程靠河位置偏下首,仅 27# 坝以下靠河;开仪工程、裴峪工程仅下首 1 道坝靠河;河出裴峪工程后,河势右摆坐弯后折向北流,形成“横河”;主流顶冲大玉兰工程上延 1# 坝,入流角接近 90°,大玉兰工程前有河心滩出现,主流出工程后基本沿直线下行;神堤工程仅最后一道坝(29# 坝)靠河。

2) 伊洛河口至京广铁桥河段

伊洛河口至京广铁桥河段南岸有高出地面 100~150 m 的邙山,北岸有高出地面 10~30 m 的清风岭,防洪压力相对较小。2000 年以来,该河段工程河道整治工程间距相对较大,主流摆动幅度大,虽有南岸邙山约束,但山根控导水流能力差且不稳定,加之受支流伊洛河入汇的影响,部分河段河势不太稳定,存在畸形河湾,如张王庄工程前、孤柏嘴至驾部和桃花峪工程前。

该河段最新河势表现为:受伊洛河口来水的影响,河出神堤工程后分两股,主流居右,张王庄和沙鱼沟工程均不靠河;金沟至孤柏嘴工程河段河势稳定,主流靠邙山山根下行;河出孤柏嘴工程后,孤柏嘴工程对河势控导不力,驾部工程前河势散乱,主流分汊,靠流位置较为偏下;东安工程至桃花峪工程河段河势稳定性较差,东安工程靠河位置偏下,送流力度较小,致使大河水流不能平顺进入桃花峪工程的迎流段,主流北移坐弯,形成 Ω 形河湾,顶冲新修嘉应观工程,至桃花峪黄河大桥后顺桥墩南行,主流直冲桃花峪工程,入流角较大,见图 3-27。

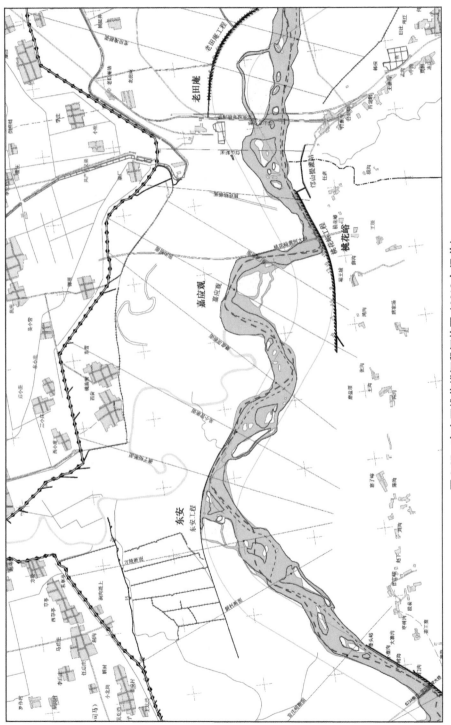

图 3-27　东安至桃花峪河段河势图 (2018 年汛前)

3）京广铁桥至九堡河段

京广铁桥至九堡工程河段近几年河势变化较大,工程靠河不稳定,特别是老田庵至花园口河段,河走中路,工程基本脱河。

该河段最新河势表现为:受桃花峪工程送流能力偏弱和京广铁路桥(包括老桥和新桥)桥墩梳篦作用的影响,主流到达老田庵工程前右摆坐弯,致使老田庵工程仅尾部 4 道坝靠河;河出老田庵工程后直线下行,保合寨和马庄工程全部脱河;花园口险工和东大坝下延工程前河势分汊,主流居左,右汊靠东大坝下延工程;河出东大坝下延工程后坐弯北行至双井工程,双井工程靠河在工程的中下部;双井以下至九堡河段工程间迎送流关系良好,水流走向基本符合规划流路,河势稳定。

4）九堡至东坝头河段

九堡至东坝头河段近期河势变化较大,特别是九堡至黑岗口河段工程靠河不稳定,河势散乱,形成多处畸形河势。

该河段最新河势表现为:九堡至黑岗口河段河道的弯曲系数较大,工程的靠河情况均不理想。河出九堡下延工程后流向三官庙工程上首,三官庙工程的 $-1^{\#}\sim 10^{\#}$ 坝靠河,$-10^{\#}\sim -2^{\#}$ 坝和尾部 $11^{\#}\sim 42^{\#}$ 坝均不靠河;主流出三官庙工程后呈横河之势南行,在韦滩工程上首前又坐弯北行,直冲陆门乡仁村堤,而后又坐弯南行,滑过韦滩工程下首后坐弯转向大张庄工程,见图 3-28;大张庄工程仅尾部靠河,主流顶冲大张庄工程下游的三教堂村,而后转向至黑岗口下延工程;顺河街至王庵工程靠河位置偏下;王庵至府君寺工程河段河势规顺,工程间迎送流关系良好,工程靠河位置偏上,府君寺工程前河分两股,主流居右;曹岗下延工程 $4^{\#}$ 坝以下靠河,欧坦工程靠河较为偏上,贯台工程仅尾部靠河,夹河滩工程靠河位置偏下,东坝头控导工程和东坝头险工靠河稳定。

5）东坝头至高村河段

东坝头至高村河段河势基本稳定,河势主流线位置变化不大,水流基本在两岸工程之间的河槽内运行。

该河段最新河势表现为:东坝头至高村河段河势规顺,除部分河段出现心滩,三合村工程靠河偏下外,其他工程的靠河位置与规划流路基本一致。河出东坝头险工后稍外摆,与禅房工程迎送流平顺,主流顶冲禅房工程 $12^{\#}\sim 18^{\#}$ 坝,禅房工程前有心滩分布;蔡集工程 $65^{\#}$ 坝以下靠河,主流顶冲位置在 $60^{\#}\sim 65^{\#}$ 坝。

其下沿王夹堤工程送流至大留寺工程的 $30^{\#}$ 坝附近,王高寨辛店集工程迎送流平顺,主流顶冲辛店集工程 $1^{\#}\sim 5^{\#}$;周营上延工程 $5^{\#}$ 坝以下全线靠河稳定,工程前有心滩;老君堂工程靠河位置稍偏下,主流顶冲 $23^{\#}\sim 27^{\#}$ 坝,致使河出老君堂工程后外摆;于林工程靠河位置偏下,主流顶冲 $28^{\#}\sim 33^{\#}$ 坝;堡城险工靠河较好,河出堡城险工后直线下行,河道工程和三合村工程脱河,河走中下行至河道至青庄工程之间河右摆,青庄工程 $9^{\#}$ 坝以下靠河,主流顶冲 $8^{\#}\sim 12^{\#}$ 坝;高村险工 $16^{\#}$ 坝以下靠河,主流顶冲 $20^{\#}\sim 25^{\#}$ 坝段。

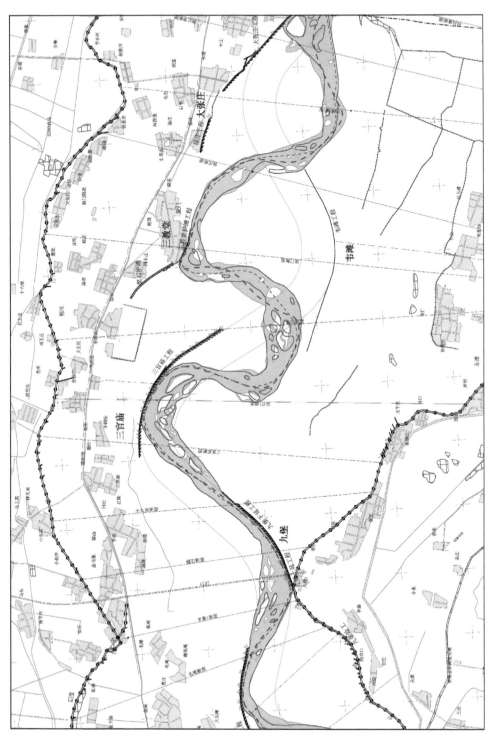

图 3-28　九堡至大张庄河段河势图（2018 年汛前）

6) 高村至孙口河段

高村至孙口河段属于过渡性河道,河道整治工程配套相对完善,河势稳定。

该河段最新河势表现为:河势稳定,工程的靠河位置相对较为理想,除个别工程或局部坝段不靠河外,无明显的畸形河湾现象。河出高村险工后顺势下行,南小堤上延工程 $-6^#$ 坝开始靠河,从 $9^#$ 坝处河势右摆,$9^#$ 坝以下至南小堤险工均脱河,南小堤险工 $26^#$ 和 $27^#$ 坝离河较近;刘庄险工 $36^#$ 坝以下靠河,贾庄工程仅与张闫楼连接处 $24^# \sim 25^#$ 坝靠河和张闫楼工程 $1^# \sim 2^#$ 坝靠河,连山寺上延工程靠河,连山寺工程靠河位置偏下,且入流角度较小;苏泗庄险工迎流位置靠上,向下送流至龙常治工程,龙常治工程上首有河心滩出露,主流居右顶冲 $15^# \sim 20^#$ 坝,马张庄工程中部 $12^#$ 坝以下靠河后转弯南行,垂直顶冲营房工程 $23^# \sim 28^#$ 坝,在安庄险工的共同作用下,送流至彭楼工程中下部;老宅庄工程上首 $1^#$ 坝开始靠河,$20^#$ 坝至桑庄险工 $19^#$ 坝不靠河,新建的桑庄险工潜坝靠河稳定,降低了抄芦井工程后路的危险;李桥上延工程 $30^#$ 坝以下靠河,其下至孙楼工程河段河势平顺稳定;杨楼和孙楼工程靠河位置偏上,上首 $1^#$ 坝开始靠大溜,其下至伟庄险工河段河势平顺,于楼工程脱河,程那里险工至蔡楼河段河势稳定。

7) 孙口至陶城铺河段

孙口至陶城铺河段近年来河势平顺,工程靠河稳定。

该河段最新河势表现为:河势稳定,工程的靠河位置相对稳定。河出蔡楼工程后送流至影唐工程上首,影唐上延 $1^#$ 垛以下靠河,影唐工程对河势有效控导,与朱丁庄工程一起将主流送向枣包楼工程,枣包楼与路那里、国那里险工靠河较好,撇开十里堡险工,将流送向张堂险工;张堂险工至陶城铺工程河段,除丁庄工程脱河外,其余工程靠河较好,河势较为平顺。

8) 陶城铺以下河段

陶城铺以下河段,河道整治工程较完善,河势整体比较稳定。局部河段由于近期持续小水作用,出现河势上提下挫,如荫柳科、娘娘店等控导工程前河势上提,有抄工程后路的风险;马家、段王等工程下首河势下挫,岸滩持续坍塌,局部不利河势若继续发展,可能威胁两岸堤防安全。

2. 近期河势演变特点

通过上述分析可以看出,近期河势演变具有以下特点。

1) 东坝头以下河段

东坝头以下河段河道为整治工程较完善,河势整体比较稳定,河势主流线位置变化不大。局部河段由于近期持续小水作用,出现河势上提下挫,部分工程存在抄后路风险,如杨楼工程等,见图 3-29。

2) 东坝头以上河段

东坝头以上河段河道整治工程布局完善的游荡型河段,心滩有所减少,河道变得相对单一,主流流路基本与规划流路一致,如赵沟至化工、金沟至孤柏嘴河段,但是在长期的中小水作用下,主流在上下工程控制的弯道之间容易坐弯,从而影响其下河势的稳定,如开仪至赵沟、赵沟至化工河段之间。

工程不完善、未完成布点的游荡型河段,河势仍呈现游荡、散乱的特点,与规划流路相

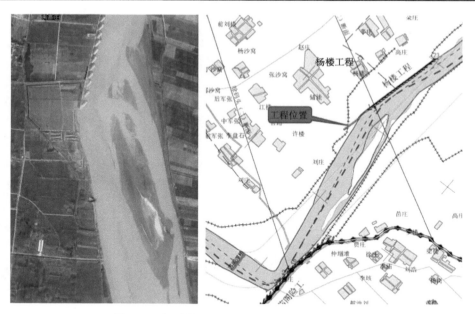

图 3-29　杨楼控导工程处河势图（2018 年汛前）

距较远。如神堤至金沟、桃花峪至东大坝、三官庙至大张庄等河段。

近期持续小水作用下,水流动力不足,造成部分工程脱河或半脱河,如张王庄、保合寨、马庄、河道、三合村、南小堤险工、于楼等工程相继脱河;逯村、开仪、裴峪、东安、老田庵、大张庄、柳园口、顺河街、大宫、王庵、贯台等工程仅下首靠溜,不能有效控导河势。

局部河段河势上提下挫,如白坡控导工程等,见图 3-30。畸形河势仍然存在,且有所发展,如裴峪、大玉兰、驾部、桃花峪、韦滩工程前出现横河、Ω 形等畸形河湾。

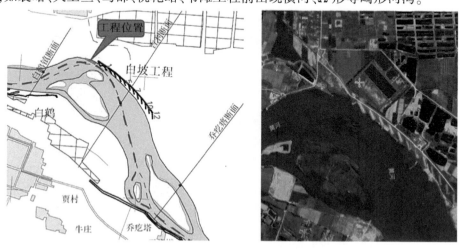

图 3-30　白坡控导工程处河势图（2018 年汛前）

3. 下游河势演变的影响因素

河势演变是来水来沙与河床边界相互作用、相互影响的结果,大量研究成果表明,下游河势演变的因素主要包括河床边界条件和水沙条件。

1）河床边界条件对河势演变的影响

河床边界条件主要指河流本身所具有的宽窄相间的河床平面形态、纵比降大小、河床质组成及抗冲性等经过人工干预的河床边界条件，如经过河道治理后的河床边界条件还包括工程长度、工程结构、布置形式、上下衔接情况等。以黄河下游高村至陶城铺过渡性河道治理前、后河势变化情况来分析河床边界条件对下游河势演变的影响。1966~1974年，有计划地对过渡性河段进行了微弯治理，改变了天然的河床边界条件，河势初步得到了控制，主要表现在：

河道摆动范围大幅度减小，河相关系得到了改善。在集中治理前，流路变化快、幅度大，主流线几乎遍及两堤之间；而在整治之后，流路稳定，主流线基本集中在一条流路上。三门峡水库建库前天然情况下的 1949~1960 年与治理后的 1975~1984 年相比，主流最大摆动范围由 5 400 m 减少到 1 850 m，平均摆动范围由 1 802 m 减少到 631 m，平均摆动强度由 425 m/年减少到 171 m/年；断面形态上，平滩流量下平均水深由 1.47~2.77 m 增加到 2.13~4.26 m；断面宽深比由 12~45 下降到 6~9；同时弯曲系数的年际变幅越来越小，说明整治后河道趋向窄深，流路趋向稳定。

天然河床边界经过微弯治理后，河道整治工程约束了水流，稳定了河势及工程靠河部位，防止了横河，限制了畸形河湾，同时提高了涵闸引水保证率，扭转了整治前塌滩落村的局面。

由过渡性河段河势变化情况可以看出，通过系统治理，改变天然河床边界条件，可以有效地控制河势。

2）来水来沙对河势演变的影响

来水来沙条件主要指一定时期内进入下游的水沙量、洪峰流量、含沙量以及洪水期水沙的搭配过程等。不同的来水来沙条件塑造出不同的河槽形态，进而影响河势演变。水沙条件中洪峰流量是影响河势演变的主要因素之一。黄河下游河势具有"小水坐弯、大水趋中""小水上提、大水下挫""涨水下挫、落水上提"的特点，都是流量变化对河势变化的直接影响。小流量时水流动量小，在河床边界的约束下，易于改变流向，水流弯曲系数大；流量增大后，水流的惯性力加大，边界对水流的作用能力相对减弱，不易改变流向，主流较小水时趋中，水流的弯曲系数变小。

在洪水、中水、枯水交替出现的过程中，中水流路往往适应能力最强，洪水的造床能力虽然最大，但其作用时间短，有时来不及改变流路，洪水已经结束，随着流量的减小，水流归槽，基本还沿中水流路行河；小流量时段，在弯道段流线弯曲率加大，在较长的直河段内往往出现微弯，但在汛期中水流量过程中，又会调整流路，使弯道的曲度减小，较长直河段的一些微弯段又变成直河段。

当出现连续的小流量枯水年，小水形成的过分弯曲的小弯道得不到调整，直河段因水流能力小得不到应有的发展，在没有河道整治工程控制且河床土质含黏量低的河段，就易形成连续畸形河湾。

综合上述分析，系统的河道治理有利于限制主流游荡摆动，有利于窄深稳定河槽的形成；相较于洪水和枯水流路，中水流路对不同的来水条件适应性更强；控制并维持下游河势需要有配套完善的河道整治工程，同时需要有适宜的流量过程塑造，并维持与河道整治工程适应的中水河槽规模,进而形成稳定的中水流路。

4. 未来河道河势变化分析

调查近年来黄河下游洪水时"横河"和"斜河"发生情况,黄河下游兰考至东明河段已经修筑大量的控导工程,取得了重要的防洪效益,但是从大河总体走势上看,黄河下游河道在此段由东转向东北,东坝头是近直角的大弯,其河道主流转弯角度大于90°。大洪水时可能直冲大堤,1855年黄河改道即发生于此。大河过东坝头后,于禅房控导工程着流送至右岸蔡集控导工程处,大洪水时可能直冲大堤至影堂险工处,发生大堤决口。大水在控导工程着流送流,振荡下行,还可能在王高寨控导工程、老君堂控导工程后行至大堤,可能在樊庄与谢寨闸等处发生决口。东明至东平湖河段已经修筑大量的控导工程,但大洪水时仍可能直冲大堤。

统计2000年以来进入下游的大于2 500 m³/s的洪水过程,年均天数仅13.11 d,年均水量为36.68亿m³。未来黄河来沙1亿t方案,进入下游的大于2 500 m³/s的洪水过程,年均天数13.06 d,年均水量为35.95亿m³。未来黄河来沙1亿t方案进入下游的大流量过程进一步减少,小流量天数进一步增加。小水形成的过分弯曲的小弯道得不到调整,直河段因水流能力小得不到应有的发展,在没有河道整治工程控制且河床土质含黏量低的河段,"斜河"或"横河"等畸形河湾将进一步发育,主流直冲大堤,将可能造成堤防根基松动,发生堤身坍塌,进而发展成口门,发生洪水决溢的风险。

3.3　未来防洪减淤和水沙调控需求

3.3.1　未来黄河上游防洪减淤与水沙调控需求

1986年龙羊峡水库、刘家峡水库联合运用后,汛期进入宁蒙河段的水量和利于输沙的大流量过程大幅减小,水流长距离输沙动力减弱,导致河道汛期由冲刷变为淤积、粒径小于0.1 mm的泥沙大量落淤,河道淤积加重。淤积的泥沙主要在内蒙古巴彦高勒至头道拐河段的主槽内,中水河槽过流能力由20世纪80年代的3 000~4 000 m³/s下降到目前的1 500~2 000 m³/s,导致目前宁蒙河段防凌、防洪形势十分严峻。

从不同来源洪水在宁蒙河段的冲淤表现(见表3-22)来看,干流发生洪水期间宁蒙河段总体表现为冲刷;支流发生洪水期间宁蒙河段主要表现为淤积;干支流共同发生洪水期间支流来沙淤积比大幅度减小。为减轻宁蒙河段淤积,需要对干流来水进行有效调控,增加大流量过程。

分析干流场次洪水洪峰流量和宁蒙河段冲淤关系(见图3-31和图3-32),下河沿站洪水量级达到2 500~3 000 m³/s,才能在宁蒙河段达到较好的冲刷(或减淤)效果。分析干流2 500 m³/s以上场次洪水历时和宁蒙河段冲淤关系(见图3-33和图3-34),15 d以上的洪水过程才能在宁蒙河段达到较好的冲刷(或减淤)效果,洪水历时达到30 d冲刷效果最好。

表 3-22　不同来源洪水在宁蒙河段的冲淤表现

项目		洪水场次	来沙量 （亿 t）	宁蒙河段累计冲淤量 （亿 t）	排沙比 （%）
干流洪水为主	非漫滩洪水	75	13.676	−6.946	−50.8
	漫滩洪水	7	5.146	2.262	44
	汇总	82	18.822	−4.684	−24.9
支流为主		23	11.136 （其中干流 0.208）	1.676	15.1
干支流洪水遭遇		3	3.411 （其中干流 1.684）	1.82	53.4

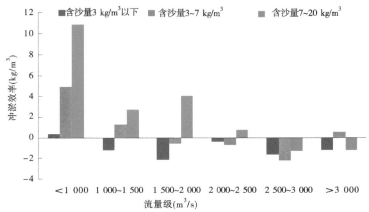

图 3-31　宁蒙河段不同流量级不同含沙量级洪水冲淤效率

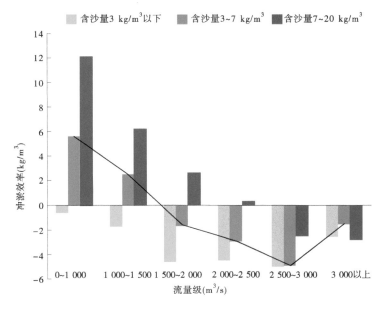

图 3-32　宁蒙河段不同流量级非漫滩洪水对分组沙冲淤效率

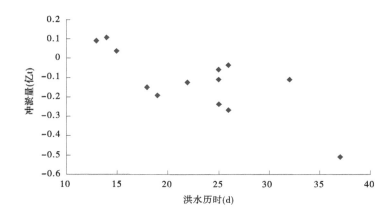

图 3-33　宁蒙河段 2 500~3 000 m³/s 量级洪水持续历时与洪水期冲淤量关系

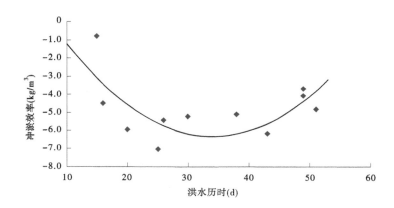

图 3-34　宁蒙河段 2 500~3 000 m³/s 量级洪水持续历时与洪水期冲淤效率关系

从下河沿站设计水沙条件看(见表 3-23),未来 50 年 2 500 m³/s 以上的洪水过程尤其是持续 15 d 以上且大于 2 500 m³/s 的洪水过程,明显无法满足冲刷恢复宁蒙河段中水河槽的需要,导致河道年均淤积量为 0.59 亿 t,平滩流量最小降低至 1 000 m³/s 左右。

调整龙羊峡水库、刘家峡水库运用方式,增加汛期大流量过程,可以增加宁蒙河段的平滩流量,减小河道淤积,但是不能彻底解决问题。且增加汛期下泄水量会造成流域内缺水量增加,对工农业用水、梯级发电产生不利影响。除协调水沙关系外,目前龙羊峡水库、刘家峡水库联合承担宁蒙河段防凌任务,影响两库综合效益。根据相关研究,防凌还需要约 38.4 亿 m³ 的反调节库容。因此,未来上游仍需修建大型骨干工程。

表 3-23　下河沿设计水沙条件

时段	>2 500 m³/s 洪水			持续 15 d 以上>2 500 m³/s 洪水			平滩流量变化（m³/s）
	年均场次	年均天数（d）	水量占汛期水量比例(%)	年均场次	年均天数（d）	水量占汛期水量比例(%)	
未来 50 年（设计水沙系列）	0.8	4.3	8.8	0.1	1.4	3.3	2 000~1 000
1965~1986 年（21 年）	2.3	26.6	39.1	0.6	17	26.2	3 500~4 400
1986~2014 年（28 年）	0.3	2.1	5.1	0.1	1.6	3.9	4 400~1 200（2004 年）~1 600

3.3.2　未来黄河中下游防洪减淤与水沙调控需求

3.3.2.1　冲刷降低潼关高程

潼关高程长期居高不下，即使在 2000 年以来黄河实测来沙显著减小，潼关高程仍长期维持在 328 m 附近，是造成渭河下游防洪问题突出的重要因素。潼关高程变化见图 3-35。近期，随着三门峡水库运用水位的改善，潼关高程的变化主要取决于潼关断面来水来沙因素。

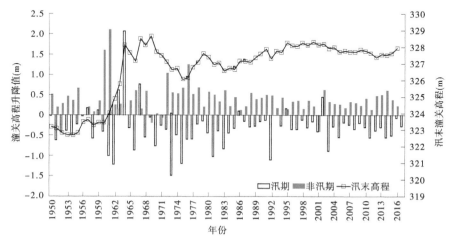

图 3-35　潼关高程变化

采用 1973 年以来实测资料，分析潼关断面汛期水量和潼关高程升降的相关关系见图 3-36 和图 3-37。可以看出：潼关高程升降和汛期水量尤其是 2 000 m³/s 以上的大流量过程具有较好的趋势关系，2 000 m³/s 以上流量相应的水量越大，潼关高程下降值越大。

因此,为了有效冲刷降低潼关高程,需要塑造一定量级和一定历时的大流量过程。

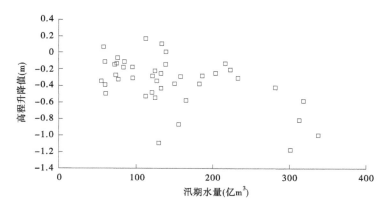

图 3-36　潼关高程变化与汛期水量关系

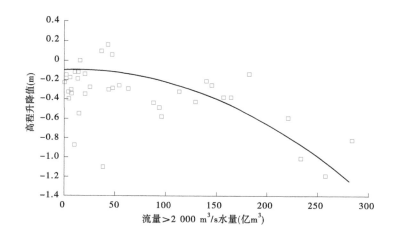

图 3-37　潼关高程变化与汛期流量大于 2 000 m³/s 水量关系

　　进一步分析桃汛期洪水与潼关高程变化关系(见图 3-38、图 3-39)得到:①洪峰流量小于 2 000 m³/s 时,潼关高程表现为抬升;洪峰流量在 2 000 m³/s 以上时,潼关高程可冲刷下降 0.10~0.20 m。②洪量在 13 亿 m³ 以上时,潼关高程可下降 0.10~0.20 m。③洪水历时不低于 8~10 d,能达到较好冲刷降低潼关高程的效果。

　　从四站设计水沙条件看(见表 3-24):未来 50 年黄河来沙 6 亿 t 情景方案和来沙 3 亿 t 情景方案,四站大流量过程远远不能满足冲刷降低潼关高程的要求。因此,未来冲刷降低潼关高程需要在潼关以上建设骨干水库,拦沙并塑造一定历时、一定量级的大流量。

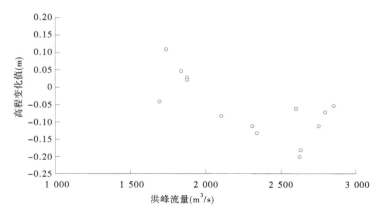

图 3-38 潼关高程变化值与洪峰流量的关系

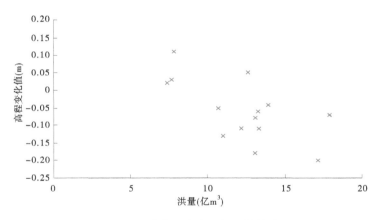

图 3-39 潼关高程变化值与洪量的关系

表 3-24 四站设计水沙条件

时段		>2 500 m³/s 洪水			持续 10 d 以上>2 500 m³/s 洪水			同期潼关高程变化（m）
		年均场次	天数（d）	水量占汛期水量比例（%）	年均场次	天数（d）	水量占汛期水量比例（%）	
设计水沙	6 亿 t 情景	2.8	10.92	11.6	0.22	4.76	5.4	年均抬升 0.01 m
	3 亿 t 情景	1.62	5.64	13	0.06	1.74	3.7	维持不变
1973~1986 年（13 年）		7.23	39.77	50.1	1	25.4	32.8	326.64~327.62（1979 年）326.64
1986~2016 年（30 年）		2.2	6.63	15.8	0.1	2.1	4.8	326.64~328.33（2000 年）~327.88

3.3.2.2　冲刷小浪底水库恢复调水调沙库容

小浪底水库拦沙库容淤满后,协调小浪底水库恢复库容和下游河道减淤需要采用 3 500 m³/s 以上的大流量过程冲刷库区,水量需要达到 16 亿 m³ 以上(考虑一次大流量过程排沙 1 亿 t 左右)。目前,三门峡水库、万家寨水库汛期调控库容小,无法满足冲刷小浪底库区恢复和保持有效库容的需要,需要在潼关以上建设骨干水库调控水沙。小浪底水库拦沙库容淤满后,水库只有 10 亿 m³ 的调水调沙库容,依靠水库蓄水难以满足一次有效冲刷恢复黄河下游中水河槽的调水调沙水量要求,下游河道还将进一步淤高,中水河槽将难以维持。

3.3.2.3　减轻下游河道淤积

未来 50 年黄河中游来沙 8 亿 t,小浪底水库 2030 年淤满,淤满后 50 年内下游河道年均淤积 2.04 亿 t,最小平滩流量将降低至 2 440 m³/s;黄河中游来沙 6 亿 t,小浪底水库 2037 年淤满,淤满后 50 年内下游河道年均淤积 1.37 亿 t,最小平滩流量将降低至 2 800 m³/s;黄河中游来沙 3 亿 t,小浪底水库拦沙库容淤满后下游河道年均淤积 0.37 亿 t,平滩流量减小约 900 m³/s,中水河槽规模难以维持;黄河来沙 1 亿 t,下游河道整体表现为冲刷,但计算期末高村至艾山河段累计淤积 3.18 亿 t,最小平滩流量出现在高村至艾山的卡口河段,随着该河段的淤积,中水河槽难以长期维持。未来仍需要利用中游水库群开展调水调沙,协调进入黄河下游的水沙关系。2004 年以来,探索了通过现状万家寨、三门峡、小浪底水库群联合调度冲刷小浪底水库和黄河下游河道淤积的泥沙,协调了黄河水沙关系,减少了下游河道淤积,延长了水库拦沙库容使用年限。但万家寨水库、三门峡水库调节库容较小,所能提供的水流动力条件不足,水库出库含沙量较小。若中游发生高含沙洪水,水库仅能依靠异重流排沙,出库水流含沙量较小,不仅不能充分发挥水流的输沙功能,而且造成大量泥沙在库区淤积,影响水库拦沙库容的使用寿命。

3.3.2.4　稳定下游河势

黄河下游堤防为土质堤防,历史上堤防决口形式一般可分为漫决、冲决、溃决、扒决。据统计,1855~1935 年的 80 年中,兰考至东明、东明至东平湖河段共发生堤防决口的年份有 35 年,决口 56 处,其中兰考(东坝头)至东明河段决口 19 处,东明至东平湖(桩号 336+600)决口 37 处。按照决口性质统计,堤防冲决占 53%,漫决占 19%,溃决占 16%。因此,冲决是该河段堤防决口的主要形式。济南以下河段共发生堤防决口的年份有 24 年,决口 54 处。按照决口性质统计,堤防冲决占 25%,漫决占 17%,溃决占 40%。由于历史上漫决不追究河官之罪,不排除冲决和溃决被记录为漫决,由此可见黄河堤防决口应该以冲决和溃决为主,漫决所占比例较小。人民治黄以来,随着黄河下游防洪工程体系的建设,花园口断面设防标准已经提高到近 1 000 年一遇,大洪水漫决的机遇非常小,因此未来黄河下游堤防最可能的决口形式为冲决和溃决。

黄河水少、沙多,水沙关系不协调,是黄河复杂难治的症结。经过人民治理黄河以来的系统治理,防洪减灾体系基本建成,但是黄河下游防洪短板依然突出,洪水依然是最大威胁。当前下游还有 299 km 游荡型河段河势未完全控制,危及大堤安全。未来随着流域生态保护和经济社会用水发展,水沙关系不协调的矛盾将长期存在。特别是若未来黄河中游来水来沙量进一步减小,持续的小水过程必然造成河势上提下挫,畸形河湾将进一步发育。由于现状工程是按照 4 000 m³/s 的整治流量进行布局的,未来若河势上提下挫,局部畸形河湾过度发育,现状工程布局和未来河势将不再适应,现状工程的控制能力将持续降低,黄河主流发生摆动,河势突变风险会逐渐增加。若一旦河势发生突变,将很快形成"斜河"或"横河",主流直冲大堤,堤防偎水后,将可能造成堤防根基松动,发生堤身坍塌,进而发展成口门,发生洪水决溢风险。稳定下游河势需要有配套完善的河道整治工程和长期维持的中水河槽规模,需要上游水库泄放一定历时的流量和水量来维持。

因此,未来仍需要在小浪底水库上游修建骨干水库,联合进行水沙调控,上级水库为下级水库排沙提供动力,下级水库对上级水库出库水沙过程进行二次调控,共同协调进入黄河下游的水沙关系,减缓水库淤积,长期维持中水河槽行洪输沙功能,维持下游河势稳定。

3.4　小　结

(1)未来水沙情景方案,黄河上游干流下河沿站水量为 286.3 亿 m³,沙量为 0.95 亿 t,支流来沙 0.61 亿 t、风沙 0.16 亿 t。黄河中游四站考虑来沙 8 亿 t、6 亿 t、3 亿 t、1 亿 t 四种情景方案,来沙 8 亿 t 情景四站年水量 272.29 亿 m³、年沙量 7.93 亿 t;来沙 6 亿 t 情景四站年水量 262.28 亿 m³、年沙量 5.95 亿 t;来沙 3 亿 t 情景四站年水量 246.44 亿 m³、年沙量 3.00 亿 t;来沙 1 亿 t 情景四站年水量 225.44 亿 m³、年沙量 1.03 亿 t。

(2)采用 2012 年实测地形(最新实测资料),开展宁蒙河段泥沙冲淤计算。现状条件下,未来 50 年,宁蒙河段年均淤积泥沙 0.59 亿 t,淤积主要集中在内蒙古河段,年均淤积量为 0.54 亿 t。随着河道的淤积,中水河槽逐渐萎缩,过流能力减小,最小平滩流量将由现状 1 600 m³/s 减小到 1 000 m³/s 左右(巴彦高勒至头道拐河段)。

1986 年以来龙羊峡水库、刘家峡水库联合运用,水库汛期大量蓄水,改变了黄河上游径流的年内分配比例,汛期径流比重由水库运用前的 60% 减少到 40%。汛期输沙水量大幅度减少,利于下游河道输沙的大于 2 000 m³/s 流量相应的天数及水量也大幅减小,从而导致进入宁蒙河道小于 0.1 mm 的泥沙大量落淤,河道淤积加重。中水河槽过流能力由 20 世纪 80 年代的 3 000~4 000 m³/s 下降到目前的 1 500~2 000 m³/s。即使在 2000 年以来宁蒙河段来水来沙极为有利的条件下,宁蒙河段的年均淤积量(断面法)仍有 0.486 亿 t。调整龙羊峡水库、刘家峡水库运用方式,可以减缓宁蒙河段淤积,但不能解决宁蒙河段河槽萎缩问题,同时对工农业用水、梯级发电产生不利影响,且受管理体制制约。从解决宁蒙河段泥沙淤积加重、中水河槽萎缩的需要出发,未来需要在黄河上游修建大型骨干水库工程,对龙羊峡水库、刘家峡水库下泄水量进行反调节,改善进入宁蒙河段的水沙条件,冲刷恢复宁蒙河段中水的河槽规模。

　　（3）未来小北干流河道，黄河来沙 8 亿 t 情景方案，计算期 100 年末河道年均淤积 0.56 亿 t；来沙 6 亿 t 情景方案，河道年均淤积 0.32 亿 t；来沙 3 亿 t 情景方案，河道微冲，年均冲刷泥沙 0.03 亿 t；来沙 1 亿 t 情景方案，河道年均冲刷泥沙 0.14 亿 t。未来渭河下游河道，黄河来沙 8 亿 t 情景方案，计算期 100 年末河道年均淤积 0.17 亿 t，潼关高程年均抬升 0.009 m；来沙 6 亿 t 情景方案，河道年均淤积 0.11 亿 t，潼关高程年均抬升 0.006 m；来沙 3 亿 t 情景方案，河道微淤，年均淤积 0.004 亿 t，潼关高程基本维持在 328 m 附近；来沙 1 亿 t 情景方案，河道年均冲刷 0.05 亿 t，该方案汛期来水量和大流量过程较少，对潼关高程冲刷作用有限，潼关高程略有降低。

　　当前潼关高程长期居高不下，即使在 2002 年三门峡水库改变运用方式，进一步降低运用水位，同期来水来沙条件较为有利的条件下，潼关高程仍维持在 328 m 附近。潼关高程长期居高不下，造成渭河下游防洪形势严峻。为解决渭河下游河道淤积问题，陕西省计划在渭河支流泾河修建东庄水利枢纽。根据相关研究成果，东庄水库可有效减轻下游河道淤积，维持渭河下游河道 38 年不淤积抬升，但是东庄水库只控制了黄河不足 5% 的水量，对冲刷降低潼关高程作用有限。长期治黄实践表明，通过调控北干流河段洪水泥沙塑造大流量过程是冲刷降低潼关高程的有效措施。当前黄河北干流河段缺少控制性骨干工程，不能控制北干流的洪水泥沙，在控制潼关高程和治理小北干流方面存在局限性，未来还需在黄河中游修建大型骨干水库工程。

　　（4）未来小浪底水库，来沙 8 亿 t 情景方案，水库剩余拦沙库容淤满时间为计算第 13 年即 2030 年，未来拦沙期 13 年内水库年均淤积量为 3.33 亿 m³。来沙 6 亿 t 情景方案，水库剩余拦沙库容淤满时间为计算第 20 年即 2037 年，未来拦沙期 20 年内水库年均淤积量为 2.17 亿 m³。来沙 3 亿 t 情景方案，水库剩余拦沙库容淤满时间为计算第 43 年即 2060 年，未来拦沙期 43 年内水库年均淤积量为 1.01 亿 m³。来沙 1 亿 t 情景方案，计算期 100 年末水库即将拦满，未来水库年均淤积量为 0.40 亿 m³。

　　（5）未来黄河下游河道，来沙 8 亿 t 情景方案，小浪底水库淤满后 50 年内黄河下游河道年均淤积 2.04 亿 t，随着下游河道淤积最小平滩流量将降低至 2 440 m³/s。来沙 6 亿 t 情景方案，小浪底水库淤满后 50 年内下游河道年均淤积 1.37 亿 t，随着下游河道淤积最小平滩流量将降低至 2 800 m³/s。来沙 3 亿 t 情景方案，小浪底水库淤满后 50 年内下游河道年均淤积泥沙 0.37 亿 t，拦沙库容淤满至计算期末，下游河道平滩流量减小约 900 m³/s。来沙 1 亿 t 情景方案，小浪底水库计算期 100 年内即将淤满，计算期末下游河道累计冲刷 14.78 亿 t，但卡口河段呈现淤积趋势。

　　现状万家寨水库、三门峡水库调节库容小，能够提供的后续动力有限，现状调水和调沙存在矛盾，小浪底水库蓄水多调沙困难，蓄水少无法满足调水调沙水量要求。小浪底水库淤满后仅剩 10 亿 m³ 调水调沙库容，扣除调沙库容后，有效的调水库容仅 5 亿 m³ 左右，无法满足调水调沙库容要求。尽管近期黄河水沙调控能力和防洪能力有所提高，但黄河下游"二级悬河"未进行治理,下游河道高村以上游荡型河段还有 299 km 河势未完全控制,防洪安全风险依然较大。因此,未来仍需要在小浪底水库上游修建骨干水库,拦减进入下游河道的泥沙,同时联合现有水库群协同开展调水调沙,上级水库为下级水库排沙提供动力,增强调水调沙后续动力,下级水库对上级水库出库水沙过程进行二次调控,共同协调进入黄河下游水沙关系,减缓水库淤积长期维持中水河槽行洪输沙功能,维持下游河势稳定。

第4章　未来黄河上游防洪减淤和水沙调控模式及效果

4.1　工程建设情景设置

基于防洪减淤和水沙调控需求分析结果,未来50年黄河上游来水来沙过程无法满足冲刷恢复宁蒙河段中水河槽的需要,河道年均淤积0.59亿t,平滩流量最小降低至1 000 m³/s左右,调整龙羊峡水库、刘家峡水库运用方式不能彻底解决问题。按照大堤不决口、河道不断流、河床不抬高等多目标要求,从协调宁蒙水沙关系和解决供水发电矛盾的需求,未来需要在黄河上游干流修建黑山峡水利枢纽工程,与龙羊峡水库、刘家峡水库联合运用。《黄河流域综合规划(2012—2030年)》提出,黑山峡水利枢纽要根据维持黄河健康生命和促进经济社会发展的要求,研究确定其合理的开发时机。当前,黑山峡水利枢纽正在开展项目建议书专题论证。根据黄河上游防洪减淤和水沙调控需求、水沙调控体系工程布局及各工程前期情况,在现状水沙调控体系的基础上,结合来水来沙条件,考虑《黄河流域综合规划(2012—2030年)》提出的黑山峡水库2030年建设生效。

黄河黑山峡河段位于黄河上游,甘肃省和宁夏回族自治区接壤处,起于甘肃省靖远县大庙,在宁夏中卫县小湾出峡谷后进入宁蒙河套平原,峡谷出口处控制流域面积25.2万km²,天然年径流量317亿m³,约占黄河天然年径流量的62%。考虑功能要求和淹没影响等方面,黄河黑山峡河段开发有一级、二级、四级开发模式。红山峡、五佛、小观音和大柳树四级开发模式为径流式电站开发,无调控水沙的能力,本次重点研究黑山峡河段大柳树一级、"红山峡+大柳树"二级开发模式(见图4-1)。

黑山峡河段一级开发模式,大柳树水库坝址位于黑山峡峡谷出口以上2 km。水库正常蓄水位1 374 m,死水位1 330 m,汛期限制水位1 360 m,设计洪水位1 362.92 m,校核洪水位1 377.85 m。正常蓄水位1 374 m以下的原始库容99.86亿m³,原始调节库容约70.62亿m³,电站装机容量2 000 MW。

黑山峡河段红山峡+大柳树二级开发模式,红山峡电站为低坝径流式电站,主要考虑淹没控制和发电要求,确定正常蓄水位1 374 m,死水位1 366 m,装机容量320 MW;大柳树水库考虑与红山峡电站梯级衔接问题以及调水调沙、供水、发电等综合利用要求,确定正常蓄水位、汛限水位均为1 355 m,死水位1 317 m,水库回水在红山峡电站坝下,正常蓄水位以下原始库容62.5亿m³,电站装机容量1 600 MW。

图 4-1　黄河黑山峡河段开发不同方案梯级位置示意图

4.2　上游调控模式

按照大堤不决口、河道不断流、河床不抬高等多目标要求,黑山峡水库 2030 年投运,对龙羊峡水库、刘家峡水库反调节,调控流量 2 500 m³/s 以上、历时不小于 15 d、年均应达到 30 d 的大流量过程,减少宁蒙河段淤积,实时为中游子体系提供动力。

黄河上游龙羊峡水库、刘家峡水库和黑山峡水库 3 座骨干工程联合运用,构成黄河水沙调控体系中的上游水量调控子体系主体。根据黄河径流年内、年际变化大的特点,为了确保黄河枯水年不断流、保障沿黄城市和工农业供水安全,龙羊峡水库、刘家峡水库联合对黄河水量进行多年调节,以丰补枯,增加黄河枯水年特别是连续枯水年的水资源供给能力,提高梯级发电效益。黑山峡水库主要对上游梯级电站下泄水量进行反调节,结合防凌蓄水将非汛期富余的水量调节到汛期,改善宁蒙河段水沙关系,消除龙羊峡水库、刘家峡水库汛期大量蓄水运用对宁蒙河段造成的不利影响,并调控凌汛期流量,保障宁蒙河段防凌安全,同时调节径流,为宁蒙河段工农业和生态灌区适时供水。

在黑山峡水库建成以前,刘家峡水库与龙羊峡水库联合调控凌汛期流量,调节径流为宁蒙灌区工农业供水;同时要合理优化汛期水库运用方式,适度减少汛期蓄水量,适当恢复有利于宁蒙河段输沙的洪水流量过程,改善目前宁蒙河段主槽淤积萎缩的不利局面。

海勃湾水利枢纽主要配合上游骨干水库防凌运用。在凌汛期流凌封河期,调节流量平稳下泄,避免流量波动形成小流量封河,开河期在遇到凌汛险情时应急防凌蓄水。在汛期配合上游骨干水库调水调沙运用。

根据黄河宁蒙河段冲淤演变规律,协调防洪防凌、减淤、供水、发电、改善生态多目标需求,构建黄河上游水库联合运用的水沙调控指标,见表4-1。一级指标主要考虑水库综合利用层面的需求,二级指标主要体现不同调度应考虑的判别条件,三级指标主要是调控指令。

表 4-1　黄河上游骨干水库群调控指标(下河沿断面)

一级指标 (多目标需求)	二级指标 (判别条件)	调控阈值
防洪	洪峰流量	5 600 m³/s
减淤	调度时机 7~9 月蓄水量>21.0 亿 m³	2 500 m³/s
防凌	控泄流量	11 月,650 m³/s 12 月,450 m³/s 1 月,420 m³/s 2 月,360 m³/s 3 月,350 m³/s
供水	需水流量	4 月,370 m³/s
发电	发电流量	5 月,770 m³/s
生态	最小生态流量	6 月,950 m³/s

4.3　上游调控效果

黑山峡河段一级开发方案为大柳树方案,水库正常蓄水位 1 374 m 以下库容 99.86 亿 m³;黑山峡河段二级开发方案"红山峡+大柳树"方案,红山峡水库正常蓄水位 1 374 m 以下库容 1.19 亿 m³,大柳树水库正常蓄水位 1 355 m 以下库容 62.5 亿 m³。

根据计算结果(见表4-2),黑山峡河段一级开发大柳树方案,黑山峡水库拦沙年限为 100 年,水库运用前 50 年宁蒙河段年均冲刷 0.07 亿 t,平滩流量可维持在 2 500 m³/s;水库运用 50~100 年宁蒙河段年均淤积 0.19 亿 t,平滩流量基本维持在 2 500 m³/s。二级开发方案,黑山峡水库拦沙年限为 60 年,水库运用前 50 年宁蒙河段年均冲刷 0.05 亿 t,平滩流量可维持在 2 500 m³/s;水库运用 50~100 年宁蒙河段年均淤积 0.39 亿 t,最小平滩流量为 1 770 m³/s。

表 4-2　黄河上游情景方案计算结果

开发方案	黑山峡水库拦沙年限	宁蒙河段年均冲淤量（亿 t）			宁蒙河段平滩流量（m³/s）		
		运用前50 年	运用 50~100 年	运用 100年后	运用前50 年	运用 50~100 年	运用 100年后
一级	100 年	-0.07	0.19	0.53	维持2 500	基本维持2 500	最小2 000
二级	60 年	-0.05	0.39	0.53	维持2 500	最小平滩流量 1 770	

综上分析,黑山峡水库可长期改善宁蒙河段水沙关系,较长时期内维持宁蒙河段平滩流量 2 500 m³/s,消除龙羊峡水库、刘家峡水库汛期大量蓄水运用对宁蒙河段造成的不利影响,调节径流为宁蒙河段工农业和生态灌区适时供水。从长期维持宁蒙河段中水河槽和防凌、供水等综合兴利效益方面看,黑山峡河段一级开发方案优于二级开发方案。

4.4　小　结

基于防洪减淤和水沙调控需求分析结果,未来 50 年黄河上游来水来沙过程无法满足冲刷恢复宁蒙河段中水河槽的需要,河道年均淤积 0.59 亿 t,平滩流量最小降低至 1 000 m³/s 左右,调整龙羊峡水库、刘家峡水库运用方式不能彻底解决问题。按照大堤不决口、河道不断流、河床不抬高等多目标要求,从解决协调宁蒙河道水沙关系和供水发电矛盾的需求,未来需要在黄河上游干流修建黑山峡水利枢纽工程。考虑《黄河流域综合规划(2012—2030 年)》提出的黑山峡水库 2030 年建设生效,黑山峡水库提供调水调沙库容和防凌库容,与龙羊峡水库、刘家峡水库联合运用,调控流量 2 500 m³/s 以上、历时不小于 15 d、年均应达到 30 d 的大流量过程,减少宁蒙河段河道淤积,遏制新悬河发展态势,控制宁蒙河段凌情,并实时为中游子体系提供动力。通过分析调控效果可知,黑山峡水库可长期改善宁蒙河段水沙关系,较长时期内维持宁蒙河段平滩流量 2 500 m³/s,消除龙羊峡水库、刘家峡水库汛期大量蓄水运用对宁蒙河段造成的不利影响,调节径流为宁蒙河段工农业和生态灌区适时供水。从长期维持宁蒙河段中水河槽和防凌、供水等综合兴利效益方面看,黑山峡河段一级开发方案优于二级开发方案。

第 5 章　未来黄河中下游防洪减淤和水沙调控模式及效果

5.1　工程建设情景设置

5.1.1　建设情景设置

未来 50 年黄河来沙 8 亿 t 情景,小北干流河道年均淤积 0.56 亿 t,渭河下游河道年均淤积 0.17 亿 t,潼关高程年均抬升 0.009 m,小浪底水库 2030 年淤满,淤满后 50 年内黄河下游河道年均淤积 2.04 亿 t,最小平滩流量将降低至 2 440 m³/s。黄河中游来沙 6 亿 t 情景,小北干流河道年均淤积 0.32 亿 t,渭河下游河道年均淤积 0.11 亿 t,潼关高程年均抬升 0.006 m,小浪底水库 2037 年淤满,淤满后 50 年内下游河道年均淤积 1.37 亿 t,最小平滩流量将降低至 2 800 m³/s。黄河中游来沙 3 亿 t 情景,潼关高程仍会维持在 328 m 附近,小浪底水库拦沙库容淤满后下游河道年均淤积 0.37 亿 t,平滩流量减小约 900 m³/s,中水河槽规模难以维持。黄河中游来沙 1 亿 t 情景潼关高程冲刷下降幅度有限,小流量天数增加黄河下游畸形河湾发育、形成“斜河”“横河”的风险,黄河下游防洪安全风险依然很大。

按照大堤不决口、河道不断流、河床不抬高等多目标要求,从冲刷降低潼关高程、增强调水调沙后续动力、协调渭河下游和黄河下游水沙关系、减轻水库和河道淤积、维持河势稳定、优化配置水资源的需求出发,黄河中游仍需要在干支流修建水利枢纽工程配合运用,完善黄河中游洪水泥沙调控子体系,联合管理黄河洪水、泥沙,优化配置水资源。

《黄河流域综合规划(2012—2030 年)》要求东庄水利枢纽要力争 2020 年建成生效;古贤水利枢纽争取在“十二五”期间立项建设,2020 年前后建成生效;碛口水利枢纽由于与古贤、小浪底水库联合运用对协调水沙关系、优化配置水资源等具有重要作用,应加强前期工作,促进立项建设。目前,东庄水利枢纽已进入全面建设阶段,预计 2025 年建成生效;古贤水利枢纽正在进行可行性研究工作,根据《黄河古贤水利枢纽工程可行性研究报告》论证成果,规划的古贤水利枢纽工程 2030 年建成生效;根据《黄河流域水沙调控体系建设规划》,规划的碛口水利枢纽工程 2050 年建成生效。

根据黄河中下游防洪减淤和水沙调控需求、水沙调控体系工程规划布局及黄河中游骨干工程前期工作情况,在黄河来沙 8 亿 t、6 亿 t 情景、现状工程基础上,考虑了古贤水利枢纽 2030 年生效、古贤水利枢纽 2030 年生效+碛口水利枢纽 2050 年生效方案。在黄河来沙 3 亿 t 情景、现状工程条件下,小浪底水库剩余拦沙库容淤满年限还有 43 年,计算期 50 年内黄河下游河道仍然呈现冲刷状态,古贤水利枢纽工程建成投运时机拟订 2030 年、2035 年、2050 年三个方案进行论证,不再考虑碛口水利枢纽工程生效方案。黄河来沙 1

亿 t 情景,从维持下游河势稳定角度来分析未来防洪减淤和水沙调控模式。黄河中下游防洪减淤和水沙调控模式骨干工程建设情景方案见表 5-1。

表 5-1　黄河中下游防洪减淤和水沙调控模式骨干工程建设情景方案

来沙情景方案	序号	骨干工程建设情景	待(在)建工程生效时间
8 亿 t 情景	方案 1	现状工程	—
	方案 2	现状工程+古贤水库+东庄	古贤水库 2030 年、东庄水库 2025 年
	方案 3	现状工程+古贤水库+东庄水库+碛口水库	古贤水库 2030 年、东庄水库 2025 年、碛口水库 2050 年
6 亿 t 情景	方案 4	现状工程	—
	方案 5	现状工程+古贤水库+东庄水库	古贤水库 2030 年、东庄水库 2025 年
	方案 6	现状工程+古贤水库+东庄水库+碛口水库	古贤水库 2030 年、东庄水库 2025 年、碛口水库 2050 年
3 亿 t 情景	方案 7	现状工程	—
	方案 8	现状工程+古贤水库+东庄水库	古贤水库 2030 年、东庄水库 2025 年
	方案 9	现状工程+古贤水库+东庄水库	古贤水库 2035 年、东庄水库 2025 年
	方案 10	现状工程+古贤水库+东庄水库	古贤水库 2050 年、东庄水库 2025 年

5.1.2　待(在)建工程建设规模

古贤水利枢纽工程,位于龙门水文站上游 72.5 km 处,上距碛口坝址 238.4 km,下距壶口瀑布和禹门口铁桥分别为 10.1 km 和 74.8 km。坝址右岸为陕西省宜川县,左岸为山西省吉县,控制流域面积 489 948 km²,占三门峡水库控制流域面积的 71%。古贤水利枢纽作为水沙调控体系的骨干工程,控制了黄河全部泥沙的 66%、粗泥沙的 80%。根据《黄河古贤水利枢纽工程可行性研究报告》论证成果,古贤水利枢纽的开发任务是以防洪减淤为主,兼顾发电、供水和灌溉等综合利用。水库正常蓄水位 627.0 m,死水位 588.0 m,汛期限制水位 617.0 m,1 000 年一遇设计洪水位 627.52 m,5 000 年一遇校核洪水位 628.75 m。水库总库容 129.42 亿 m³,死库容 60.49 亿 m³,拦沙库容 93.42 亿 m³。电站装机容量 2 100 MW。

碛口水利枢纽工程,位于黄河中游北干流中段,古贤坝址上游 238 km,控制流域面积 431 090 km²,控制着黄河中游洪水和泥沙的主要来源区,尤其是粗泥沙来源区。根据规划,碛口水利枢纽的开发任务是以防洪减淤为主,兼顾发电、供水和灌溉等综合利用。水库正常蓄水位 785 m,死水位 745 m,汛限水位 775 m(初期 780 m),设计洪水位 781.19 m(初期 782.10 m),校核洪水位 785.38 m(初期 784.45 m)。总库容 125.7 亿 m³,淤积平衡后剩余库容约 36.1 亿 m³。电站装机容量 1 800 MW。碛口水库与古贤、小浪底等水利枢纽工程联合运用,对协调水沙关系、优化配置水资源具有重要作用。碛口水库运用可直接减少进入古贤、三门峡和小浪底的泥沙,减少水库和中下游河道淤积。

　　东庄水利枢纽工程,位于泾河干流最后一个峡谷段出口(张家山水文站)以上 29 km,坝址控制流域面积 4.31 万 km²,占泾河流域面积的 95%,占渭河华县站控制流域面积的 40.5%,几乎控制了泾河的全部洪水和泥沙。坝址断面实测年均悬移质输沙量 2.48 亿 t,约占渭河来沙的 70%,黄河来沙的 1/6。工程开发任务为以防洪减淤为主,兼顾供水、发电和改善生态等综合利用。水库正常蓄水位 789.0 m,正常运用期死水位 756.0 m,汛期限制水位 780.0 m,100 年一遇防洪高水位 796.78 m,大坝 1 000 年一遇设计洪水位 799.61 m,大坝 5 000 年一遇校核洪水位 803.57 m。水库总库容 32.76 亿 m³,死库容 14.37 亿 m³,拦沙库容 20.53 亿 m³,防洪库容 4.57 亿 m³。电站装机容量为 120 MW。

5.2　中下游调控模式

　　古贤水库、碛口水库、东庄水库建成运用后,黄河中游将形成完善的洪水泥沙调控子体系。中游水库群联合调控,可根据水库和下游河道的冲淤状态,灵活采用"上库高蓄调水,下库速降排沙,拦排结合,适时造峰"的联合拦沙和调水调沙调控模式,充分发挥水沙调控体系的整理合力,增强黄河径流泥沙调节能力。

5.2.1　现状调控模式

　　现状工程条件下,主汛期协调黄河下游水沙关系的任务主要由小浪底水库承担,三门峡水库、万家寨水库配合小浪底水库调控水沙。当支流来水较大时,支流陆浑水库、故县水库、河口村水库配合小浪底水库进行实时空间尺度的水沙联合调度,通过时间差、空间差的控制,实现水沙过程在花园口的对接,塑造协调的水沙关系,充分发挥中游水沙调控体系的作用。现状工程调水调沙运用,相机形成持续一定历时的较大流量过程(与下游河道平滩流量相适应),利用大水输沙,充分发挥下游河道输沙能力,提高输沙效果,减轻下游河道淤积;当发生洪水时(同时考虑伊洛沁河及小花间来水情况),三门峡、小浪底与支流的陆浑、故县、河口村等水库联合防洪调度运用。

5.2.2　古贤水库投入后调控模式

　　古贤水库建成投入运用后的拦沙初期,水库排沙能力弱,首先利用起始运行水位以下部分库容拦沙和调水调沙,冲刷小北干流河道,降低潼关高程,冲刷恢复小浪底水库部分槽库容,并维持黄河下游中水河槽行洪输沙能力,为古贤水库与小浪底水库在一个较长的时期内联合调水调沙运用创造条件,同时尽量满足发电最低运用水位要求,发挥综合利用效益。古贤水库起始运行水位以下库容淤满后,古贤水库与小浪底水库联合调水调沙运用,协调黄河下游水沙关系,根据黄河下游平滩流量和小浪底水库库容变化情况,适时蓄水或利用天然来水冲刷黄河下游和小浪底库区,较长时期维持黄河下游中水河槽行洪输沙功能,并尽量保持小浪底水库调水调沙库容;遇合适的水沙条件,适时冲刷古贤水库淤积的泥沙,尽量延长水库拦沙运用年限。古贤水库正常运用期,在保持两水库防洪库容的前提下,利用两水库的槽库容对水沙进行联合调控,增加黄河下游和两水库库区大水排沙和冲刷机遇,长期发挥水库的调水调沙作用。

古贤水库在联合调水调沙运用中的作用为:①初期拦沙和调水调沙,冲刷小北干流河道,恢复主槽过流能力,降低潼关高程,并部分冲刷恢复小浪底水库的调水调沙库容,为水库联合水沙调控创造条件。②与小浪底水库联合运用,调控黄河水沙,为小浪底水库调水调沙提供后续动力,塑造恢复、维持黄河下游和小北干流河段中水河槽行洪排沙功能的水沙过程,减少河道淤积。③在小浪底水库需要冲刷恢复调水调沙库容时,提供水流动力条件,延长小浪底拦沙年限并长期保持小浪底水库一定的调节库容。

三门峡水库在联合调水调沙中的作用为:主要配合古贤水库、小浪底水库调水调沙运用。

小浪底水库在联合调水调沙中的作用为:①与古贤水库联合运用,塑造进入黄河下游的协调水沙关系,维持中水河槽行洪排沙功能。②对古贤水库下泄的水沙和泾河、北洛河、渭河的来水来沙进行调控,减少下游河道淤积。③在古贤水库排沙期间,对入库水沙进行调控,尽量改善进入下游的水沙条件。

东庄水库在联合调水调沙中的作用为:①调控泾河洪水泥沙,拦减高含沙小洪水、泄放高含沙大洪水,结合渭河来水塑造一定历时的较大流量洪水,减轻渭河下游河道淤积。②相机配合干流调水调沙,补充小浪底调水调沙后续动力。

黄河中下游骨干水库群调控指标见表5-2。

5.2.3　碛口水库投入后调控模式

碛口水库投入运用后,通过与中游的古贤水库、三门峡水库和小浪底水库联合拦沙和调水调沙,可长期协调黄河水沙关系,减少黄河下游及小北干流河道淤积,维持河道中水河槽行洪输沙能力。同时,承接上游子体系水沙过程,适时蓄存水量,为古贤水库、小浪底水库提供调水调沙后续动力,在减少河道淤积的同时,恢复水库的有效库容,长期发挥调水调沙效益。当碛口水库泥沙淤积严重、需要排沙时,可利用其上游的来水和万家寨水库的蓄水量对其进行冲刷,恢复库容。

碛口水库拦沙期,通过较大的拦沙库容拦减入黄粗泥沙,减缓古贤水库淤积速度,同时碛口水库、古贤水库、三门峡水库和小浪底水库对上游来水来沙及区间的水沙进行联合调控,协调进入河道水沙过程,尽量减少河道的淤积。当下游河道主槽淤积萎缩时,碛口水库、古贤水库、小浪底水库联合塑造洪水过程冲刷下游主槽淤积的泥沙,恢复中水河槽过流能力;当小浪底水库淤积严重需要排沙时,碛口水库与古贤水库联合塑造适合小浪底水库排沙和下游河道输沙的洪水流量过程,冲刷小浪底库区淤积的泥沙,并尽量减少下游河道的淤积;当古贤水库需要排沙时,碛口水库结合上游来水,塑造适合古贤水库排沙的洪水过程。

碛口水库正常运用期,根据河道减淤和长期维持中水河槽的要求,利用各水库的调水调沙库容联合调水调沙运用,满足调水调沙对水量和水沙过程的要求。上级水库根据下级水库对其要求进行调节,在上级水库排沙时,下级水库根据入库水沙条件,对水沙过程进行控制和调节,通过水库群联合调度,实现流量过程对接,塑造满足河道输沙要求的水沙过程,以利于河道输沙,减少河道淤积或冲刷河道。

中游骨干水库联合运用模式见图5-1。

表 5-2 黄河中下游骨干水库群调控指标

一级指标（综合利用）	二级指标（调度指标分类）	古贤水库 启动条件	古贤水库 调度指令	三门峡水库 启动条件	三门峡水库 调度指令	三级指标（调度指令）小浪底水库 启动条件	小浪底水库 调度指令	东庄水库 启动条件	东庄水库 调度指令
防洪	大洪水	$Q_{潼}\geq 10\ 000\ m^3/s$	$10\ 000\ m^3/s$	$Q_{潼}>1\ 500\ m^3/s$	敞泄	$Q_{三黑武}\geq 8\ 000\ m^3/s$	$8\ 000\sim 10\ 000\ m^3/s$	$Q_{华县}\geq 10\ 300\ m^3/s$	泾河 5 420 m³/s、渭河下游 10 300 m³/s
防洪	中常洪水	$W_{古}+W_{小}+W_{来水}\geq 14$ 亿 m³（$W_{可调}$）、下游平滩流量<$4\ 000\ m^3/s$	$4\ 000\ m^3/s$	—	—	$4\ 000\ m^3/s<Q_{三黑武}<8\ 000\ m^3/s$	$4\ 000\sim 8\ 000\ m^3/s$	$5\ 760\ m^3/s\leq Q_{华县}<10\ 300\ m^3/s$	泾河 5 420 m³/s、渭河下游 5 760 m³/s
减淤	蓄满造峰	$W_{古}+W_{小}+W_{来水}\geq 17$ 亿 m³（$W_{可调}$）、下游平滩流量≥$4\ 000\ m^3/s$	$4\ 000\ m^3/s$	—	—	同古贤水库	$4\ 000\ m^3/s$、与古贤水库联合运用	$Q_入+Q_{咸阳}\leq 2\ 500\ m^3/s$，$W_{东庄}\geq 3$ 亿 m³	渭河下游 1 000 m³/s
减淤	溃泄造峰	—	—	—	—	$W_{小蓄}\geq 6$ 亿 m³、$(Q_{潼关}+Q_{三门峡})/2\geq 2\ 600\ m^3/s$	$2\ 600\sim 4\ 000\ m^3/s$		
减淤	高含沙洪水	$Q_入\geq 2\ 600\ m^3/s$，$S_入\geq 150\ kg/m^3$、$W_{古蓄}\geq 6$ 亿 m³ 或下游平滩流量<$4\ 000\ m^3/s$	$2\ 600\sim 4\ 000\ m^3/s$	$Q_{潼}>1\ 500\ m^3/s$	敞泄	$Q_入\geq 2\ 600\ m^3/s$ 且 $S_入\geq 200\ kg/m^3$	$2\ 600\sim 4\ 000\ m^3/s$	$Q_入+Q_{咸阳}>2\ 500\ m^3/s$，入库和咸阳平均含沙量≥$300\ kg/m^3$	入出库平衡

续表 5-2

一级指标（综合利用）	二级指标 调度分类（调度指令）	三级指标（调度指令）							
		古贤水库		三门峡水库		小浪底水库		东庄水库	
		启动条件	调度指令	启动条件	调度指令	启动条件	调度指令	启动条件	调度指令
减淤	降水排沙	$Q_入≥2\ 600\ \text{m}^3/\text{s}$、$S_入≥150\ \text{kg/m}^3$、$W_{古蓄}<6\ 亿\ \text{m}^3$、下游平滩流量 $≥4\ 000\ \text{m}^3/\text{s}$	$2\ 600\sim4\ 000\ \text{m}^3/\text{s}$	—	—	$W_{淤积}≥42\ 亿\ \text{m}^3$、$(Q_{潼关}+Q_{三门峡})/2≥2\ 600\ \text{m}^3/\text{s}$	$2\ 600\sim4\ 000\ \text{m}^3/\text{s}$	$Q_入+Q_{泾阳}≤2\ 500\ \text{m}^3/\text{s}$、$W_{东庄}<3\ 亿\ \text{m}^3$、$Q_入≥300\ \text{m}^3/\text{s}$	入出库平衡
	恢复库容	$W_{淤积}≥93.42\ 亿\ \text{m}^3$、连续两天 $Q_入≥2\ 000\ \text{m}^3/\text{s}$	敞泄	$Q_淤>1\ 500\ \text{m}^3/\text{s}$	敞泄	$W_{淤积}≥79\ 亿\ \text{m}^3$	$2\ 600\sim4\ 000\ \text{m}^3/\text{s}$	$W_{淤积}≥23.53\ 亿\ \text{m}^3$	敞泄
防凌、供水、发电、改善生态等	综合利用调度	调度时机 耗水量 发电流量 最小生态流量	按等流量调节	调度时机 耗水量 发电流量 最小生态流量	$200\ \text{m}^3/\text{s}$	调度时机 耗水量 发电流量 最小生态流量	$11\sim12$ 月 $300\ \text{m}^3/\text{s}$；1 月 $350\ \text{m}^3/\text{s}$；2 月 $530\ \text{m}^3/\text{s}$；3 月 $650\ \text{m}^3/\text{s}$；4 月 $620\ \text{m}^3/\text{s}$；5 月 $530\ \text{m}^3/\text{s}$；6 月 $480\ \text{m}^3/\text{s}$	调度时机 耗水量 发电流量 最小生态流量	$5.33\sim58.0\ \text{m}^3/\text{s}$

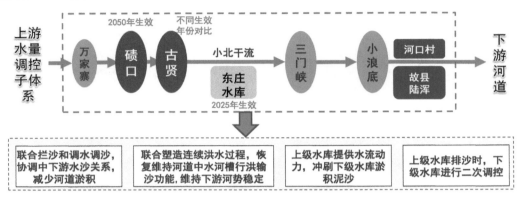

图 5-1　中游骨干水库联合运用模式

5.3　中下游调控效果

5.3.1　黄河来沙 8 亿 t 情景调控效果

计算分析了黄河来沙 8 亿 t 情景中下游调控效果。

5.3.1.1　碛口水库

碛口水库入库水沙条件见表 5-3。来沙 8 亿 t 情景,全年来水、来沙量分别为 198.39 亿 m³、2.90 亿 t,其中汛期水、沙量分别为 95.31 亿 m³、2.35 亿 t,占全年水、沙量的 48.04%和 81.03%。

表 5-3　碛口水库入库水沙条件

项目	汛期 (7~10 月)	非汛期 (11 月至次年 6 月)	全年	汛期占比 (%)
水量(亿 m³)	95.31	103.08	198.39	48.04
沙量(亿 t)	2.35	0.55	2.90	81.03

利用碛口水库水沙数学模型,计算碛口水库 2050 年生效(水库建设情景方案 3)后累计淤积变化过程见图 5-2,计算期末(2117 年),碛口水库拦沙量为 88.79 亿 m³,水库尚未淤满。

5.3.1.2　古贤水库

古贤水库入库水沙条件见表 5-4。来沙 8 亿 t 情景,无碛口水库,全年入库水、沙量分别为 214.14 亿 m³、4.81 亿 t,其中汛期水、沙量分别为 104.29 亿 m³、4.12 亿 t,占全年水、沙量的 48.70%和 85.65%。有碛口水库,全年入库水、沙量分别为 213.02 亿 m³、3.66 亿 t,其中汛期水、沙量分别为 103.17 亿 m³、3.34 亿 t,占全年水、沙量的 48.43%和 91.26%。碛口水库生效后拦减了进入古贤水库的沙量。

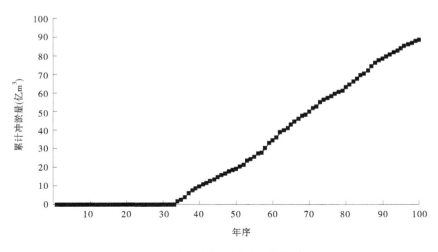

图 5-2　碛口水库累计淤积变化过程

表 5-4　古贤水库入库水沙条件

工况	项目	汛期(7~10 月)	非汛期(11 月至次年 6 月)	全年	汛期占比(%)
无碛口	水量(亿 m³)	104.29	109.85	214.14	48.70
	沙量(亿 t)	4.12	0.69	4.81	85.65
有碛口	水量(亿 m³)	103.17	109.85	213.02	48.43
	沙量(亿 t)	3.34	0.32	3.66	91.26

　　利用古贤水库一维水沙数学模型,采用 2017 年河床边界条件,计算了黄河来沙 8 亿 t 情景有、无碛口方案古贤水库累计淤积变化过程,计算结果见图 5-3。古贤水库 2030 年生效(计算第 13 年生效),无碛口方案,古贤水库拦沙库容使用年限为 44 年,即 2074 年淤

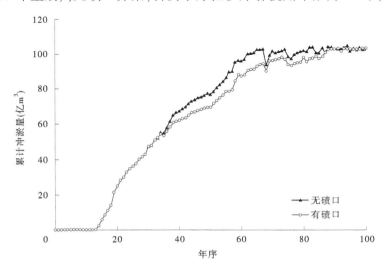

图 5-3　古贤水库累计淤积变化过程

满,计算期末水库累计淤积量为 102.61 亿 m³;有碛口方案,古贤水库拦沙库容使用年限为 56 年,即 2086 年淤满,计算期末水库累计淤积量为 103.10 亿 m³。

5.3.1.3 小北干流

进入小北干流的水沙条件见表 5-5。经古贤水库、碛口水库调节后,进入小北干流河道的水沙量减少。

表 5-5　进入小北干流的水沙条件

情景	水文站	水量(亿 m³)				沙量(亿 t)			
		汛期	非汛期	全年	占四站比例(%)	汛期	非汛期	全年	占四站比例(%)
现状①	龙门	104.29	109.85	214.14	78.64	4.12	0.69	4.81	60.58
	华县	28.35	17.15	45.50	16.71	2.39	0.18	2.57	32.37
	河津	4.45	3.34	7.79	2.86	0.10	0.01	0.11	1.39
	湫头	2.91	1.95	4.86	1.78	0.42	0.03	0.45	5.67
	四站	140.00	132.29	272.29	100.00	7.03	0.91	7.94	100.00
古贤水库2030年、东庄水库2025年生效②	龙门	90.82	95.38	186.20	76.37	3.27	0.12	3.39	56.78
	华县	26.54	18.43	44.97	18.44	1.68	0.34	2.02	33.84
	河津	4.45	3.34	7.79	3.20	0.10	0.01	0.11	1.84
	湫头	2.91	1.95	4.86	1.99	0.42	0.03	0.45	7.54
	四站	124.71	119.10	243.81	100.00	5.47	0.50	5.97	100.00
古贤水库2030年、东庄水库2025年、碛口水库2050年生效③	龙门	90.17	95.38	185.55	76.30	2.54	0.12	2.66	50.76
	华县	26.54	18.43	44.97	18.49	1.68	0.34	2.02	38.55
	河津	4.45	3.34	7.79	3.20	0.10	0.01	0.11	2.10
	湫头	2.91	1.95	4.86	2.00	0.42	0.03	0.45	8.59
	四站	124.07	119.10	243.17	100.0	4.74	0.50	5.24	100.0
差值②-①	龙门	-13.47	-14.47	-27.94	-2.27	-0.85	-0.57	-1.42	-3.80
	华县	-1.81	1.28	-0.53	1.73	-0.71	0.16	-0.55	1.47
	河津	0	0	0	0.33	0	0	0	0.46
	湫头	0	0	0	0	0	0	0	1.87
	四站	-15.29	-13.19	-28.48	0	-1.56	-0.41	-1.97	0
差值③-①	龙门	-14.12	-14.47	-28.59	-2.34	-1.58	-0.57	-2.15	-9.82
	华县	-1.81	1.28	-0.53	1.78	-0.71	0.16	-0.55	6.18
	河津	0	0	0	0.34	0	0	0	0.71
	湫头	0	0	0	0.21	0	0	0	2.92
	四站	-15.93	-13.19	-29.12	0	-2.29	-0.41	-2.70	0

利用小北干流河道一维水沙数学模型,采用 2017 年河床边界条件,计算来沙 8 亿 t 情景方案,现状工程条件,古贤水库 2030 年、东庄水库 2025 年生效,古贤水库 2030 年、东庄水库 2025 年、碛口水库 2050 年生效方案小北干流河道累计冲淤变化过程,计算结果见图 5-4。现状工程条件下,小北干流河道计算期 100 年末河道累计淤积泥沙 55.86 亿 t,年均淤积 0.56 亿 t。古贤水库、碛口水库建成生效后,河道冲淤受水库出库水沙条件的影响。根据模型计算结果,古贤水库 2030 年生效后,由于水库拦沙和调水调沙,计算期 100 年末,河道累计淤积量为 8.97 亿 t,相比现状工程条件可减少河道淤积 46.89 亿 t。碛口水库生效后,与古贤水库联合运用,改变了小北干流河道持续淤积的现象,计算期 100 年末,河道累计冲刷量为 5.45 亿 t,相比现状工程条件可减少河道淤积 61.31 亿 t。

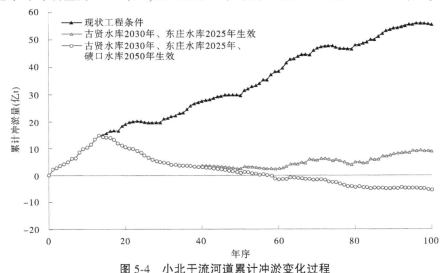

图 5-4　小北干流河道累计冲淤变化过程

现状工程条件下,古贤水库 2030 年、东庄水库 2025 年生效,古贤水库 2030 年、东庄水库 2025 年、碛口水库 2050 年生效方案,潼关高程变化过程见图 5-5。现状工程条件下,潼关高程淤积抬升,计算期 100 年抬升 0.92 m;古贤水库 2030 年、东庄水库 2025 年生效后,通过拦减泥沙、协调水沙过程,潼关高程冲刷降低,计算期 100 年末潼关高程降低 0.83 m。碛口水库生效后,与古贤水库联合运用,计算期 100 年末潼关高程冲刷降低 3.26 m,较现状方案降低 4.18 m。

5.3.1.4　东庄水库

东庄水库入库水沙条件见表 5-6。黄河来沙 8 亿 t 情景,全年来水、来沙量分别为 11.63 亿 m³、1.67 亿 t,其中汛期水、沙量分别为 7.17 亿 m³、1.62 亿 t,占全年水、沙量的 61.65% 和 97.01%。

表 5-6　东庄水库入库水沙条件

项目	汛期(7~10 月)	非汛期(11 月至次年 6 月)	全年	汛期占比(%)
水量(亿 m³)	7.17	4.46	11.63	61.65
沙量(亿 t)	1.62	0.05	1.67	97.01

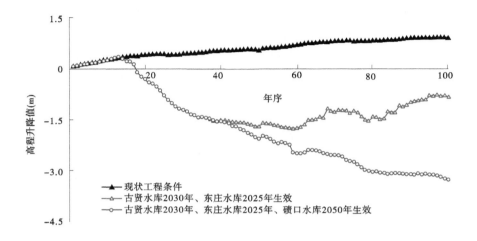

图 5-5　潼关高程变化过程

利用东庄水库一维水沙数学模型,采用 2017 年河床边界条件,计算了黄河来沙 8 亿 t 情景东庄水库累计淤积变化过程,计算结果见图 5-6。根据模型计算结果,东庄水库 2025 年生效后(计算第 8 年生效),拦沙库容使用年限为 24 年,即 2049 年淤满,计算期末水库累计淤积量为 23.10 亿 m³。

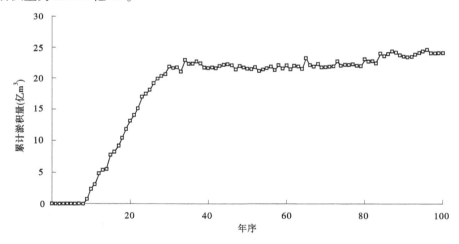

图 5-6　东庄水库累计淤积变化过程

5.3.1.5　渭河下游

利用渭河下游河道一维水沙数学模型,采用 2017 年河床边界条件,计算了黄河来沙 8 亿 t 情景现状工程条件和古贤水库 2030 年、东庄水库 2025 年生效方案渭河下游河道累计淤积变化过程,计算结果见图 5-7。

现状工程条件下,渭河下游河道计算期 100 年末河道累计淤积 17.10 亿 t,年均淤积 0.17 亿 t。东庄水库建成生效后,河道冲淤受水库出库水沙条件的影响。根据模型计算结果,东庄水库 2025 年生效后,由于水库拦沙和调水调沙,计算期 100 年末河道累计淤积量为 7.85 亿 t,相比现状工程减淤 9.25 亿 t。

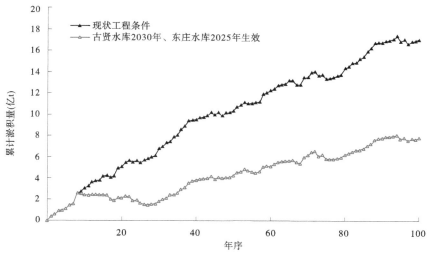

图 5-7 渭河下游河道累计淤积变化过程

5.3.1.6 三门峡水库

利用三门峡水库一维水沙数学模型,采用 2017 年河床边界条件,计算了黄河来沙 8 亿 t 各个水库建设情景方案三门峡水库累计淤积变化过程,计算结果见图 5-8。根据模型计算结果,三门峡水库库区多年冲淤平衡。

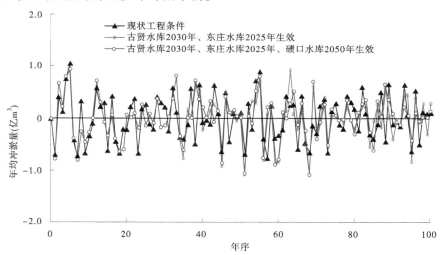

图 5-8 三门峡水库累计冲淤变化过程

5.3.1.7 小浪底水库

现状工程条件,古贤水库 2030 年、东庄水库 2025 年生效,古贤水库 2030 年、东庄水库 2025 年、碛口水库 2050 年生效,进入小浪底水库的入库水沙条件见表 5-7。古贤水库、东庄水库生效后,进入小浪底水库的水沙量减少,由于古贤水库、东庄水库汛期排沙,进入小浪底水库汛期的沙量占全年沙量的比例增大。碛口水库生效后,进一步拦减了进入小浪底水库的沙量。

表 5-7　小浪底水库的入库水沙条件

工程条件	时段	水量				沙量			
		7~10 月 (亿 m³)	11 月至 次年 6 月 (亿 m³)	全年 (亿 m³)	汛期 占比 (%)	7~10 月 (亿 t)	11 月至 次年 6 月 (亿 t)	全年 (亿 t)	汛期 占比 (%)
现状 ①	1~50 年	132.36	120.06	252.42	52.44	6.81	0.30	7.11	95.78
	50~100 年	132.36	120.06	252.42	52.44	6.96	0.31	7.27	95.74
	1~100 年	132.36	120.06	252.42	52.44	6.89	0.31	7.20	95.69
古贤水库 2030 年、东庄水库 2025 年 生效 ②	1~50 年	126.17	116.08	242.25	52.08	4.92	0.21	5.13	95.91
	50~100 年	125.48	113.22	238.70	52.57	6.39	0.15	6.54	97.71
	1~100 年	125.82	114.65	240.47	52.32	5.66	0.18	5.84	96.92
古贤水库 2030 年、东庄水库 2025 年、碛口 水库 2050 年 生效③	1~50 年	124.85	115.80	240.65	51.88	4.65	0.20	4.85	95.88
	50~100 年	122.18	114.35	236.53	51.66	4.72	0.15	4.87	96.92
	1~100 年	123.52	115.08	238.60	51.77	4.69	0.18	4.87	96.30
差值 ②-①	1~50 年	-6.19	-3.98	-10.16	-0.35	-1.89	-0.09	-1.98	0.13
	50~100 年	-6.88	-6.84	-13.72	0.13	-0.57	-0.16	-0.73	1.97
	1~100 年	-6.54	-5.41	-11.95	-0.11	-1.23	-0.13	-1.36	1.22
差值 ③-①	1~50 年	-7.51	-4.26	-11.77	-0.55	-2.16	-0.10	-2.26	-0.10
	50~100 年	-10.18	-5.71	-15.89	-0.78	-2.24	-0.16	-2.40	1.18
	1~100 年	-8.84	-4.98	-13.82	-0.67	-2.20	-0.13	-2.33	0.61

　　利用小浪底水库一维水沙数学模型,采用 2017 年河床边界条件,计算了各个水库建设方案小浪底水库累计淤积变化过程,计算结果见图 5-9。现状工程条件下,小浪底水库 2030 年淤满。古贤水库 2030 年生效、碛口水库 2050 年生效等工程条件下,小浪底水库累计淤积量差别不大。

5.3.1.8　黄河下游河道

　　统计了小浪底水库拦沙期(计算期前 13 年)、正常运用期(计算期第 14~100 年)黄河下游河道来水来沙量,见表 5-8、表 5-9。与现状工程条件相比,古贤水库 2030 年、东庄水库 2025 年生效,中游水库群联合运用协调进入下游河道的水沙关系,进入下游河道的大流量天数、水量增大,沙量和含沙量减少;碛口水库生效后进一步增加了进入下游河道的大流量天数、水量,减少了沙量和含沙量。

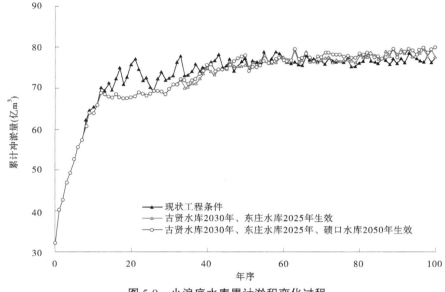

图 5-9　小浪底水库累计淤积变化过程

　　黄河下游河道累计冲淤量见图 5-10,平滩流量变化过程见图 5-11。现状工程条件下,计算期 50 年末下游河道累计淤积 77.02 亿 t,年平均淤积 1.54 亿 t;小浪底水库 2030 年淤满后 50 年内下游河道年均淤积 2.04 亿 t。随着下游河道淤积最小平滩流量将降低至 2 440 m³/s。

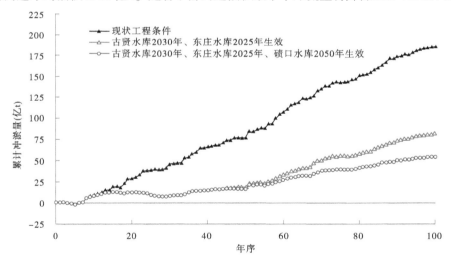

图 5-10　黄河下游河道累计冲淤计算结果

　　古贤水库 2030 年生效、东庄水库 2025 年生效后,计算期 50 年末下游河道累计淤积 19.58 亿 t,年平均淤积 0.39 亿 t;小浪底水库 2030 年淤满后 50 年内下游河道年均淤积 0.52 亿 t,比现状工程条件年均减少淤积 1.52 亿 t。随着下游河道淤积最小平滩流量将降低至 3 100 m³/s,比现状工程条件大 660 m³/s。与现状工程条件相比,计算期末可累计

表 5-8 进入黄河下游河道水沙量（小浪底水库拦沙期，即计算期前 13 年）

统计时段	流量级 (m³/s)	现状工程条件			古贤水库 2030 年、东庄水库 2025 年生效			古贤水库 2030 年、东庄水库 2025 年、碛口水库 2050 年生效		
		天数 (d)	水量 (亿 m³)	沙量 (亿 t)	天数 (d)	水量 (亿 m³)	沙量 (亿 t)	天数 (d)	水量 (亿 m³)	沙量 (亿 t)
拦沙期	0~500	135.08	51.02	0.32	135.31	51.11	0.30	135.31	51.11	0.30
	500~1 000	162.54	97.22	0.38	162.85	97.29	0.35	162.85	97.29	0.35
	1 000~1 500	13.92	14.73	0.12	13.31	14.03	0.11	13.31	14.03	0.11
	1 500~2 000	5.92	8.82	0.08	5.46	8.09	0.08	5.46	8.09	0.08
	2 000~2 500	5.77	11.26	0.04	4.92	9.52	0.12	4.92	9.52	0.12
	2 500~3 000	4.69	11.05	0.03	4.92	11.57	0.03	4.92	11.57	0.03
	3 000~3 500	3.23	9.04	0.34	2.15	5.94	0.34	2.15	5.94	0.34
	3 500~4 000	15.77	52.26	3.94	18.62	61.47	3.64	18.62	61.47	3.64
	>4 000	18.08	65.94	1.15	17.46	63.24	0.93	17.46	63.24	0.93
	>2 500	41.77	138.29	5.46	43.15	142.22	4.94	43.15	142.22	4.94
	合计	365.00	321.34	6.40	365.00	322.26	5.90	365.00	322.26	5.90

表 5-9　进入黄河下游河道水沙量(小浪底水库正常运用期,即计算期第 14～100 年)

统计时段	流量级 (m³/s)	现状工程条件			古贤水库 2030 年、东庄水库 2025 年生效			古贤水库 2030 年、东庄水库 2025 年、碛口水库 2050 年生效		
		天数 (d)	水量 (亿 m³)	沙量 (亿 t)	天数 (d)	水量 (亿 m³)	沙量 (亿 t)	天数 (d)	水量 (亿 m³)	沙量 (亿 t)
正常运用期	0~500	146.16	53.14	0.32	162.08	60.20	0.14	161.88	60.31	0.12
	500~1 000	159.72	95.28	0.60	158.75	95.20	0.38	158.24	95.27	0.32
	1 000~1 500	16.18	17.21	0.23	11.99	12.68	0.14	11.80	12.08	0.12
	1 500~2 000	10.02	14.90	0.24	3.51	5.52	0.14	3.43	5.06	0.13
	2 000~2 500	6.66	12.78	0.26	1.48	3.24	0.11	1.43	2.74	0.30
	2 500~3 000	4.30	10.10	0.31	2.54	3.38	0.15	2.66	3.54	0.14
	3 000~3 500	2.74	7.71	0.41	2.06	2.86	0.21	1.37	1.88	0.19
	3 500~4 000	11.64	38.70	3.84	14.30	49.26	2.61	15.88	57.94	2.17
	>4 000	7.58	28.01	0.75	8.29	31.14	0.50	8.31	29.86	0.36
	>2 500	26.26	84.52	5.31	27.19	86.64	3.47	28.22	93.22	2.86
	合计	365.00	277.83	6.96	365	263.48	4.38	365	268.68	3.85

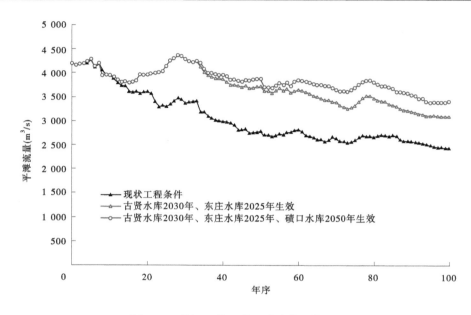

图 5-11　黄河下游河道平滩流量计算结果

减少黄河下游河道淤积量 102.11 亿 t。古贤水库生效后,拦沙期内发挥了拦沙减淤效益,减轻了下游河道淤积,拦沙期结束后下游河道年均淤积仍达到 1.55 亿 t,仍需要建设碛口水库完善水沙调控体系,提高对水沙的调控能力,进一步减轻河道淤积。

古贤水库 2030 年、东庄水库 2025 年、碛口 2050 年生效后,计算期 50 年末下游河道累计淤积 16.55 亿 t,年均淤积 0.33 亿;小浪底水库 2030 年淤满后 50 年内下游河道年均淤积 0.35 亿 t,比现状工程条件年均减少淤积 1.69 亿 t。随着下游河道淤积最小平滩流量将降低至 3 400 m³/s,比现状工程条件大 960 m³/s。与现状工程相比,古贤水库、东庄水库、碛口水库生效后,计算期末可累计减少黄河下游河道淤积量 131.10 亿 t。

5.3.1.9　综合分析

未来黄河来沙 8 亿 t,现状工程条件下,小北干流河道多年平均淤积 0.56 亿 t,潼关高程 100 年累计抬升 0.92 m,渭河下游河道年均淤积 0.17 亿 t,未来 50 年黄河下游河道年均淤积 1.54 亿 t,小浪底水库 2030 年拦沙库容淤满后 50 年黄河下游河道年均淤积泥沙 2.04 亿 t。随着下游河道的淤积,最小平滩流量将降低至 2 440 m³/s,黄河中下游防洪减淤形势非常严峻。未来黄河来沙 8 亿 t 情景水库河道冲淤计算结果(2017~2116 年)见表 5-10。

古贤水库 2030 年、东庄水库 2025 年生效方案,古贤水库拦沙期 2030~2074 年小北干流河道发生冲刷,计算期 100 年河道平均每年淤积 0.09 亿 t;潼关高程最大降低 2.03 m,100 年末降低 0.83 m;渭河下游河道 100 年年均淤积 0.08 亿 t;黄河下游河道未来 50 年年均淤积 0.39 亿 t,小浪底水库 2030 年淤满后 50 年内年均淤积 0.52 亿 t,古贤水库 2074 年拦沙库容淤满后年均淤积 1.55 亿 t。随着下游河道的淤积,最小平滩流量将降低至 3 100 m³/s。古贤水库拦沙库容淤满后黄河中下游的防洪减淤形势依然严峻。与现状工程相比,古贤水库、东庄水库生效后,可累计减少小北干流河道淤积 46.69 亿 t,累计减少黄河下游河道淤积 102.11 亿 t。

表 5-10　未来黄河来沙 8 亿 t 情景水库河道冲淤计算结果(2017~2116 年)

项目	工程条件		现状工程	古贤水库 2030 年、东庄水库 2025 年	古贤水库 2030 年、东庄水库 2025 年、碛口水库 2050 年
水库	碛口水库	拦沙库容使用年限(年)	—	—	—
		淤积量(亿 m³)	—	—	88.79
	古贤水库	拦沙库容使用年限(年)	—	2074 (44 年)	2086 (56 年)
		淤积量(亿 m³)	—	102.61	103.10
	东庄水库	拦沙库容使用年限(年)	—	2049 (24 年)	2049 (24 年)
		淤积量(亿 m³)	—	23.10	23.10
	小浪底水库	剩余拦沙库容使用年限(年)	2030 (13 年)	2030 (13 年)	2030 (13 年)
		淤积量(亿 m³)	77.75	77.77	78.48
河道	小北干流淤积量(亿 t)		55.86	8.97	-5.45
	渭河下游淤积量(亿 t)		17.10	7.85	7.85
	黄河下游淤积量(亿 t)		185.12	83.01	54.02
新建工程累计减淤	小北干流淤积量(亿 t)			46.89	61.31
	渭河下游淤积量(亿 t)			9.25	9.25
	黄河下游淤积量(亿 t)			102.11	131.10
	合计(亿 t)			158.25	201.66

　　古贤水库 2030 年、东庄水库 2025 年、碛口水库 2050 年生效方案,古贤水库生效时,小浪底水库已淤满,古贤水库拦沙库容使用年限为 56 年,计算期末碛口水库拦沙库容尚未淤满,小北干流河道累计冲刷量为 5.45 亿 t,改变了河道持续淤积的现象,100 年末潼关高程冲刷降低 3.26 m;未来 50 年黄河下游河道年均淤积 0.33 亿 t,小浪底水库 2030 年淤满后 50 年内下游河道年均淤积 0.35 亿 t,最小平滩流量为 3 400 m³/s。古贤水库、东庄水库、碛口水库生效后可累计减少小北干流河道淤积 61.31 亿 t,可累计减少黄河下游河道淤积 131.10 亿 t。

　　综上,现状工程条件下,小浪底水库拦沙库容淤满后黄河中下游防洪减淤形势非常严峻,需要尽快在黄河中游建设骨干工程,完善水沙调控体系,控制潼关高程,减少渭河下游和黄河下游河道淤积。古贤水库 2030 年生效后,拦沙期内发挥了拦沙减淤效益,减轻了下游河道淤积,但拦沙期结束后下游河道年均淤积仍达到 1.55 亿 t,仍需要建设碛口水库,完善水沙调控体系,提高对水沙的调控能力,进一步减轻河道淤积。古贤水利枢纽工程应尽早开工建设。

　　古贤水库、碛口水库生效后,与现状工程联合,灵活采用"上库高蓄调水,下库速降排沙,拦排结合,适时造峰"的联合减淤运用方式,可使黄河下游河道 2060 年前河床不抬高,未来坚持"拦、调、排、放、挖"多种措施综合处理和利用黄河泥沙,在下游温孟滩等滩区实施放淤,局部河段实施挖河疏浚,可长期实现黄河下游河床不抬高。

5.3.2　黄河来沙 6 亿 t 情景调控效果

　　计算分析了黄河来沙 6 亿 t 情景中下游调控效果。

5.3.2.1　碛口水库

　　碛口水库入库水沙条件见表 5-11。来沙 6 亿 t 情景,全年来水、来沙量分别为 198.39 亿 m³、2.18 亿 t,其中汛期水、沙量分别为 95.31 亿 m³、1.77 亿 t,占全年水、沙量的 48.04% 和 81.19%。

表 5-11　碛口水库入库水沙条件

项目	汛期(7~10 月)	非汛期(11 月至次年 6 月)	全年	汛期占比(%)
水量(亿 m³)	95.31	103.08	198.39	48.04
沙量(亿 t)	1.77	0.41	2.18	81.19

　　利用碛口水库水沙数学模型,计算了碛口水库 2050 年生效黄河来沙 6 亿 t 碛口水库累计淤积变化过程,计算结果见图 5-12。计算期末(2117 年),碛口水库拦沙量为 67.81 亿 m³,水库尚未淤满。

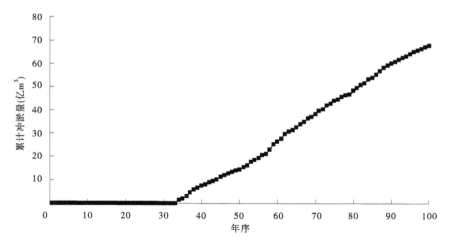

图 5-12　碛口水库累计淤积变化过程

5.3.2.2　古贤水库

　　古贤水库入库水沙条件见表 5-12。来沙 6 亿 t 情景方案,无碛口水库,全年来水、来沙量分别为 214.14 亿 m³、3.61 亿 t,其中汛期水、沙量分别为 104.29 亿 m³、3.09 亿 t,占全年水、沙量的 48.70% 和 85.59%。有碛口水库,全年入库水、沙量分别为 213.17 亿 m³、2.73 亿 t,其中汛期水、沙量分别为 103.32 亿 m³、2.49 亿 t,占全年水、沙量的 48.47% 和 91.21%。碛口水库生效后拦减了进入古贤水库的沙量。

表 5-12　古贤水库入库水沙条件

工况	项目	汛期 (7~10 月)	非汛期 (11 月至次年 6 月)	全年	汛期占比(%)
无碛口	水量(亿 m³)	104.29	109.85	214.14	48.70
	沙量(亿 t)	3.09	0.52	3.61	85.59
有碛口	水量(亿 m³)	103.32	109.85	213.17	48.47
	沙量(亿 t)	2.49	0.24	2.73	91.21

　　利用古贤水库一维水沙数学模型,采用 2017 年河床边界条件,计算了黄河来沙 6 亿 t 情景古贤水库累计淤积变化过程,计算结果见图 5-13。古贤水库 2030 年生效后(计算第 13 年生效),无碛口方案,古贤水库拦沙库容使用年限为 67 年,即 2097 年淤满,计算期末水库累计淤积量为 102.32 亿 m³;有碛口方案,计算期 100 年末(2117 年),古贤水库拦沙库容淤满进入正常运用期,水库累计淤积量为 94.72 亿 m³。

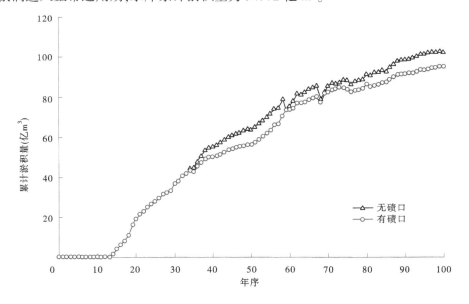

图 5-13　古贤水库累计淤积变化过程

5.3.2.3　小北干流

　　进入小北干流的水沙条件见表 5-13。经古贤水库、碛口水库调节后,进入小北干流河道的水沙量减少。

表 5-13　进入小北干流的水沙条件

情景	水文站	水量				沙量			
		汛期（亿 m³）	非汛期（亿 m³）	全年（亿 m³）	占四站比例（%）	汛期（亿 t）	非汛期（亿 t）	全年（亿 t）	占四站比例（%）
现状①	龙门	100.46	105.81	206.27	78.64	3.09	0.52	3.61	60.67
	华县	27.31	16.52	43.83	16.71	1.79	0.14	1.93	32.44
	河津	4.29	3.22	7.51	2.86	0.07	0.01	0.08	1.34
	㳏头	2.80	1.88	4.68	1.78	0.31	0.02	0.33	5.55
	四站	134.86	127.43	262.29	100.00	5.26	0.69	5.95	100.00
古贤水库2030年、东庄水库2025年生效②	龙门	88.88	96.46	185.34	76.96	2.16	0.09	2.25	55.56
	华县	25.42	17.88	43.30	17.98	1.08	0.31	1.39	34.32
	河津	4.29	3.22	7.51	3.12	0.07	0.01	0.08	1.97
	㳏头	2.80	1.88	4.68	1.94	0.31	0.02	0.33	8.15
	四站	121.39	119.44	240.83	100.00	3.62	0.43	4.05	100.00
古贤水库2030年、东庄水库2025年、碛口水库2050年生效③	龙门	88.32	96.46	184.78	76.91	1.49	0.09	1.58	46.75
	华县	25.42	17.88	43.30	18.02	1.08	0.31	1.39	41.12
	河津	4.29	3.22	7.51	3.13	0.07	0.01	0.08	2.37
	㳏头	2.80	1.88	4.68	1.95	0.31	0.02	0.33	9.76
	四站	120.83	119.44	240.27	100.00	2.95	0.43	3.38	100.00
差值②-①	龙门	-11.58	-9.35	-20.93	-1.68	-0.93	-0.43	-1.36	-5.25
	华县	-1.89	1.36	-0.53	1.27	-0.71	0.17	-0.54	1.80
	河津	0	0	0	0	0	0	0	0
	㳏头	0	0	0	0	0	0	0	0
	四站	-13.47	-7.99	-21.46	0	-1.64	-0.25	-1.89	0
差值③-①	龙门	-12.14	-9.35	-21.49	-1.74	-1.60	-0.43	-2.03	-13.93
	华县	-1.89	1.36	-0.53	1.31	-0.71	0.17	-0.54	8.69
	河津	0	0	0	0.26	0	0	0	1.02
	㳏头	0	0	0	0.16	0	0	0	4.22
	四站	-14.03	-7.99	-22.02	0	-2.32	-0.25	-2.57	0

利用小北干流河道一维水沙数学模型,采用 2017 年河床边界条件,计算了黄河来沙 6 亿 t 情景,现状工程条件下,古贤水库 2030 年、东庄水库 2025 年生效,古贤水库 2030 年、东庄水库 2025 年、碛口水库 2050 年生效方案小北干流河道累计淤积变化过程见图 5-14。现状工程条件下,小北干流河道计算期 100 年末河道累计淤积泥沙 31.64 亿 t,

年均淤积 0.32 亿 t。古贤水库建成生效后,河道冲淤受水库出库水沙条件的影响。根据模型计算结果,古贤水库 2030 年生效后,由于水库拦沙和调水调沙,小北干流河道发生冲刷,计算期 100 年末,河道累计冲刷 8.94 亿 t,相比现状工程方案,减少淤积 40.58 亿 t。碛口生效后,与古贤水库联合运用,计算期 100 年末,河道累计冲刷量为 13.43 亿 t,相比现状工程减淤 45.07 亿 t。

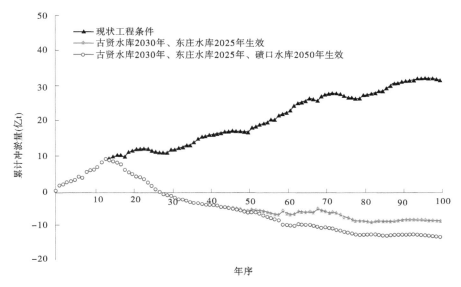

图 5-14 小北干流河道累计冲淤变化过程

现状工程条件下,古贤水库 2030 年、东庄水库 2025 年生效,古贤水库 2030 年、东庄水库 2025 年、碛口水库 2050 年生效方案,潼关高程变化过程见图 5-15。现状工程条件下,潼关高程淤积抬升,计算期 100 年末较现状抬升 0.60 m;古贤水库 2030 年、东庄水库 2025 年生效后,通过拦减泥沙、协调水沙过程,潼关高程冲刷降低,计算期 100 年末较现状降低 3.04 m。碛口水库生效后,与古贤水库联合运用,计算期 100 年末潼关高程冲刷降低 3.74 m,较现状工程条件降低 4.34 m。

5.3.2.4 东庄水库

东庄水库入库水沙条件见表 5-14。黄河来沙 6 亿 t 情景,系列全年来水、来沙量分别为 11.63 亿 m³、1.26 亿 t,其中汛期水、沙量分别为 7.17 亿 m³、1.22 亿 t,占全年水、沙量的 61.65% 和 96.83%。

表 5-14 东庄水库入库水沙条件

项目	汛期(7~10 月)	非汛期(11 月至次年 6 月)	全年	汛期占比(%)
水量(亿 m³)	7.17	4.46	11.63	61.65
沙量(亿 t)	1.22	0.04	1.26	96.83

利用东庄水库一维水沙数学模型,采用 2017 年河床边界条件,计算了黄河来沙 6 亿 t 情景东庄水库累计淤积变化过程,计算结果见图 5-16。根据模型计算结果,东庄水库

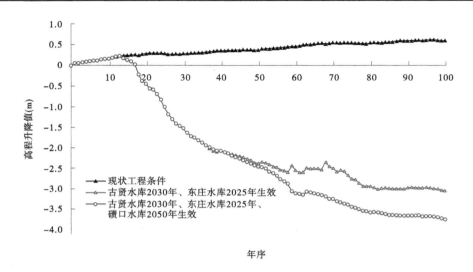

图 5-15　潼关高程变化过程

2025 年生效后(计算第 8 年生效),拦沙库容使用年限为 30 年,即 2055 年淤满,计算期末水库累计淤积量为 21.40 亿 m³。

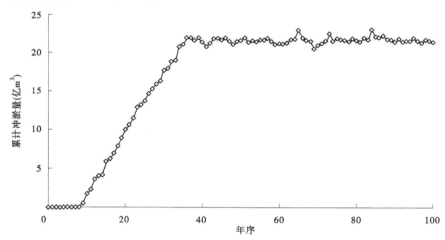

图 5-16　东庄水库累计淤积变化过程

5.3.2.5　渭河下游

华县站水沙过程见表 5-13。

利用渭河下游河道一维水沙数学模型,采用 2017 年河床边界条件,计算了黄河来沙 6 亿 t 情景现状工程条件和古贤水库 2030 年、东庄水库 2025 年生效方案渭河下游河道累计淤积变化过程,计算结果见图 5-17。

现状工程条件下,渭河下游河道计算期 100 年末河道累计淤积 11.28 亿 t,年均淤积 0.11 亿 t。东庄水库建成生效后,河道冲淤受水库出库水沙条件的影响。根据模型计算结果,东庄水库 2025 年生效后,由于水库拦沙和调水调沙,计算期 100 年末河道累计淤积量为 6.90 亿 t,相比现状工程减淤 4.38 亿 t。

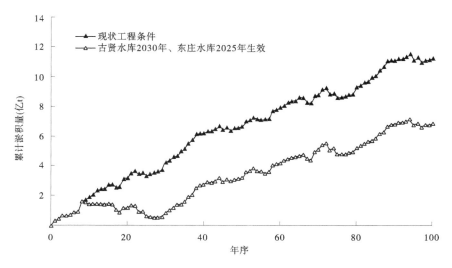

图 5-17　渭河下游河道累计淤积变化过程

5.3.2.6　三门峡水库

利用三门峡水库一维水沙数学模型,采用 2017 年河床边界条件,计算了来沙 6 亿 t 情景不同方案三门峡水库累计淤积变化过程,见图 5-18。根据模型计算结果,各方案下,三门峡水库库区多年冲淤平衡。

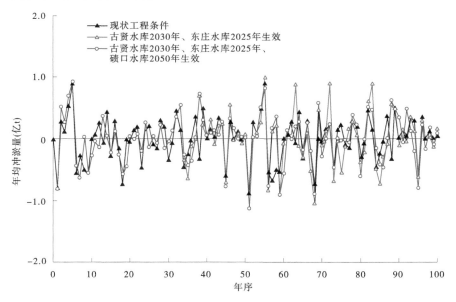

图 5-18　三门峡水库累计冲淤变化过程

5.3.2.7　小浪底水库

现状工程条件下,古贤水库 2030 年、东庄水库 2025 年生效,古贤水库 2030 年、东庄水库 2025 年、碛口水库 2050 年生效后,进入小浪底水库的入库水沙条件见表 5-15。古贤水库、东庄水库生效后,进入小浪底水库的水沙量减少,由于古贤水库、东庄水库汛期排沙,进入小浪底水库汛期的沙量占全年沙量比例增大。碛口水库生效后,进一步拦减了进入小浪底水库的沙量。

表 5-15　小浪底水库入库水沙条件

工程条件	时段	水量				沙量			
		7~10月（亿 m³）	11月至次年6月（亿 m³）	全年（亿 m³）	汛期占比（%）	7~10月（亿 t）	11月至次年6月（亿 t）	全年（亿 t）	汛期占比（%）
现状①	1~50年	127.30	115.27	242.57	52.48	5.23	0.23	5.46	95.79
	50~100年	127.31	115.27	242.58	52.48	5.32	0.24	5.56	95.68
	1~100年	127.31	115.27	242.58	52.48	5.28	0.24	5.52	95.65
古贤水库2030年、东庄水库2025年生效②	1~50年	125.89	115.85	241.74	52.08	4.11	0.19	4.30	95.58
	50~100年	121.45	115.58	237.03	51.24	5.04	0.14	5.18	97.30
	1~100年	123.67	115.71	239.38	51.66	4.58	0.17	4.75	96.42
古贤水库2030年、东庄水库2025年、碛口水库2050年生效③	1~50年	122.95	116.22	239.17	51.41	3.95	0.19	4.14	95.41
	50~100年	113.06	115.92	228.98	49.38	3.76	0.13	3.89	96.66
	1~100年	118.01	116.07	234.08	50.41	3.85	0.16	4.01	96.01
差值②-①	1~50年	-1.41	0.58	-0.83	-0.40	-1.12	-0.04	-1.16	-0.21
	50~100年	-5.86	0.31	-5.55	-1.24	-0.28	-0.10	-0.38	1.61
	1~100年	-3.64	0.44	-3.20	-0.82	-0.70	-0.07	-0.77	0.77
差值③-①	1~50年	-4.35	0.95	-3.40	-1.07	-1.28	-0.04	-1.32	-0.38
	50~100年	-14.25	0.65	-13.60	-3.11	-1.56	-0.11	-1.67	0.97
	1~100年	-9.30	0.80	-8.50	-2.07	-1.43	-0.08	-1.51	0.36

利用小浪底水库一维水沙数学模型，采用 2017 年河床边界条件，计算了黄河来沙 6 亿 t 情景小浪底水库累计淤积变化过程，结果见图 5-19。现状工程条件下，小浪底水库 2037 年淤满。古贤水库 2030 年、东庄水库 2025 年生效后，小浪底水库 2047 年淤满，拦沙库容年限延长 10 年。碛口水库 2050 年生效时，小浪底水库已经淤满。

5.3.2.8　黄河下游河道

统计了小浪底水库拦沙期（计算期前 20 年）、正常运用期（计算期第 21~100 年）黄河下游河道来水来沙量，结果见表 5-16、表 5-17。与现状工程条件相比，古贤水库 2030 年、东庄水库 2025 年生效，中游水库群联合运用协调进入下游河道的水沙关系，进入下游河道的大流量天数、水量增大，沙量和含沙量减少；碛口水库生效后进一步增加了进入下游河道的大流量天数、水量，减少了沙量和含沙量。

黄河下游河道累计冲淤量见图 5-20，平滩流量变化过程见图 5-21。现状工程条件下，计算期 50 年末下游河道累计淤积 44.00 亿 t，年均淤积 0.88 亿 t；小浪底水库 2037 年淤满后 50 年内下游河道年均淤积 1.37 亿 t。随着下游河道的淤积，最小平滩流量将降低至 2 800 m³/s。

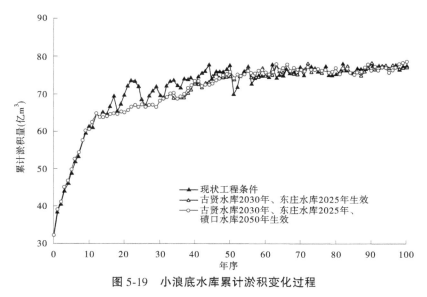

图 5-19　小浪底水库累计淤积变化过程

古贤水库 2030 年生效、东庄水库 2025 年生效后，计算期 50 年末下游河道累计淤积 8.37 亿 t，小浪底水库 2047 年淤满后 50 年内下游河道年均淤积 0.42 亿 t，比现状工程条件年均减少淤积 0.95 亿 t。随着下游河道的淤积，最小平滩流量将降低至 3 400 m³/s，比现状工程条件大 600 m³/s。古贤水库生效后，拦沙期内发挥了拦沙减淤效益，减轻了下游河道淤积，拦沙期结束后下游河道多年平均淤积 0.96 亿 t，仍需要建设碛口水库完善水沙调控体系，提高对水沙的调节能力，进一步减轻河道淤积。

古贤水库 2030 年生效、东庄水库 2025 年生效、碛口水库 2050 年生效后，计算期 50 年末下游河道累计淤积 2.45 亿 t，小浪底水库 2047 年淤满后 50 年内下游河道年均淤积 0.28 亿 t，比现状工程条件年均减少淤积 1.09 亿 t，随着下游河道的淤积，最小平滩流量将降低至 3 800 m³/s，比现状工程条件大 1 000 m³/s。与现状工程相比，古贤水库生效后，计算期末可累计减少黄河下游河道淤积 76.43 亿 t；古贤水库、东庄水库、碛口水库生效后，计算期末可累计减少黄河下游河道淤积 96.99 亿 t。

5.3.2.9　综合分析

未来黄河来沙 6 亿 t，现状工程条件下，小北干流河道多年年均淤积泥沙 0.32 亿 t，潼关高程 100 年累计抬升 0.60 m，渭河下游河道年均淤积 0.11 亿 t，未来 50 年黄河下游河道多年平均淤积量 0.88 亿 t，小浪底水库 2037 年拦沙库容淤满后 50 年黄河下游河道多年平均淤积 1.37 亿 t。随着下游河道淤积最小平滩流量将降低至 2 800 m³/s，黄河中下游防洪减淤形势依然严峻。未来黄河来沙 6 亿 t 情景水库河道冲淤计算结果(2017～2117 年)见表 5-18。

古贤水库 2030 年、东庄水库 2025 年生效方案，小浪底水库拦沙年限较现状工程条件下延长 10 年(拦沙库容 2047 年淤满)，古贤水库拦沙库容使用年限 67 年(拦沙库容 2097 年淤满)，小北干流河道发生冲刷，计算期 100 年河道累计冲刷 8.94 亿 t；100 年末潼关高程降低 3.04 m；渭河下游河道 100 年平均淤积 0.07 亿 t；黄河下游河道未来 50 年累计

表5-16　进入黄河下游河道水沙量（小浪底水库拦沙期，计算期前20年）

统计时段	流量级 (m³/s)	现状工程条件			古贤水库2030年、东庄水库2025年生效			古贤水库2030年、东庄水库2025年、碛口水库2050年生效		
		天数 (d)	水量 (亿m³)	沙量 (亿t)	天数 (d)	水量 (亿m³)	沙量 (亿t)	天数 (d)	水量 (亿m³)	沙量 (亿t)
拦沙期	0~500	143.10	53.11	0.24	149.40	55.30	0.20	149.40	55.30	0.20
	500~1 000	162.30	96.65	0.27	159.75	94.89	0.26	159.75	94.89	0.26
	1 000~1 500	13.05	13.71	0.05	10.25	10.72	0.10	10.25	10.72	0.10
	1 500~2 000	6.95	10.49	0.06	4.00	5.96	0.09	4.00	5.96	0.09
	2 000~2 500	6.00	11.62	0.08	3.30	6.39	0.04	3.30	6.39	0.04
	2 500~3 000	4.95	11.54	0.10	3.30	7.77	0.02	3.30	7.77	0.02
	3 000~3 500	3.30	9.30	0.10	1.65	4.57	0.23	1.65	4.57	0.23
	3 500~4 000	13.25	43.95	3.05	19.15	64.14	2.67	19.15	64.14	2.67
	>4 000	12.10	44.25	0.71	14.20	51.31	0.45	14.20	51.31	0.45
	>2 500	33.60	109.04	3.96	38.30	127.79	3.37	38.30	127.79	3.37
	合计	365.00	294.62	4.66	365.00	301.05	4.06	365.00	301.05	4.06

表 5-17　进入黄河下游河道水沙量(小浪底水库正常运用期,计算期第 21~100 年)

统计时段	流量级 (m³/s)	现状工程条件			古贤水库 2030 年、东庄水库 2025 年生效			古贤水库 2030 年、东庄水库 2025 年、古贤水库 2050 年、碛口水库 2050 年生效		
		天数 (d)	水量 (亿 m³)	沙量 (亿 t)	天数 (d)	水量 (亿 m³)	沙量 (亿 t)	天数 (d)	水量 (亿 m³)	沙量 (亿 t)
正常运用期	0~500	150.26	54.34	0.28	175.04	64.79	0.12	187.21	77.25	0.08
	500~1 000	159.52	95.11	0.46	154.10	91.23	0.28	148.86	87.51	0.26
	1 000~1 500	16.16	17.22	0.12	10.53	10.93	0.14	6.86	6.94	0.25
	1 500~2 000	9.38	14.00	0.16	3.30	4.90	0.09	1.16	1.72	0.08
	2 000~2 500	6.08	11.69	0.21	1.57	3.07	0.12	0.41	0.81	0.10
	2 500~3 000	3.76	8.81	0.19	1.20	2.82	0.15	0.38	0.90	0.18
	3 000~3 500	2.72	7.64	0.29	0.83	2.33	0.07	0.25	0.71	0.03
	3 500~4 000	10.92	36.25	3.02	12.03	41.43	1.38	13.25	47.35	0.95
	>4 000	6.20	22.91	0.56	6.40	23.02	0.17	6.62	23.13	0.08
	>2 500	23.6	75.61	4.06	20.46	69.6	1.77	20.50	72.09	1.24
	合计	365.00	267.97	5.29	365.00	244.52	2.52	365.00	246.32	2.01

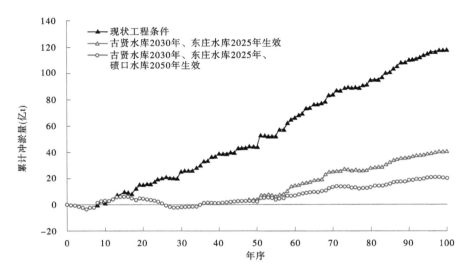

图 5-20　黄河下游河道累计冲淤计算结果

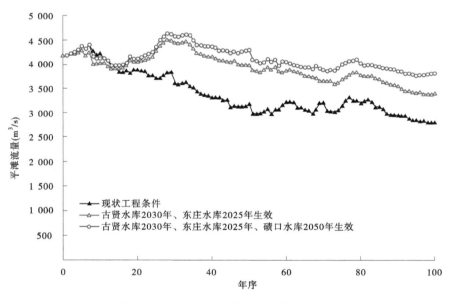

图 5-21　黄河下游河道平滩流量计算结果

淤积 8.37 亿 t,年均淤积 0.17 亿 t,小浪底水库拦沙库容淤满后 50 年内年均淤积 0.42 亿 t,古贤水库拦沙库容淤满后下游河道年均淤积仍有 0.96 亿 t。随着下游河道的淤积,最小平滩流量将降低至 3 400 m³/s。与现状工程相比,古贤水库、东庄水库生效后,可累计减少小北干流河道淤积 40.58 亿 t,减少渭河下游河道淤积 4.38 亿 t,减少黄河下游河道淤积量 76.43 亿 t。

古贤水库 2030 年、东庄水库 2025 年、碛口水库 2050 年生效方案,因碛口水库在小浪底水库拦沙库容淤满后投入,小浪底水库拦沙库容使用年限仍较现状工程条件延长 10 年

表 5-18　未来黄河来沙 6 亿 t 情景水库河道冲淤计算结果(2017~2117 年)

项目	工程条件		现状工程	古贤水库 2030 年、东庄水库 2025 年	古贤水库 2030 年、东庄水库 2025 年、碛口水库 2050 年
水库	碛口水库	拦沙库容使用年限(年)	—	—	—
		淤积量(亿 m³)	—	—	67.81
	古贤水库	拦沙库容使用年限(年)	—	2097 年(67 年)	2117 年(87 年)
		淤积量(亿 m³)	—	102.32	94.72
	东庄水库	拦沙库容使用年限(年)	—	2055 年(30 年)	2055 年(30 年)
		淤积量(亿 m³)	—	21.40	21.40
	小浪底水库	剩余拦沙库容使用年限(年)	2037(20 年)	2047 年(30 年)	2047 年(30 年)
		淤积量(亿 m³)	77.60	77.20	78.50
河道	小北干流淤积量(亿 t)		31.64	-8.94	-13.43
	渭河下游淤积量(亿 t)		11.28	6.90	6.90
	黄河下游淤积量(亿 t)		117.36	40.93	20.38
新建工程累计减淤	小北干流淤积量(亿 t)			40.58	45.07
	渭河下游淤积量(亿 t)			4.38	4.38
	黄河下游淤积量(亿 t)			76.43	96.98
	合计(亿 t)			121.39	146.43

(拦沙库容 2047 年淤满),古贤水库拦沙库容使用年限为 87 年(拦沙库容 2117 年淤满),计算期末碛口水库拦沙库容尚未淤满,计算期 100 年末小北干流河道累计冲刷量为 13.43 亿 t,100 年末潼关高程冲刷降低 3.74 m;未来 50 年黄河下游河道累计淤积 2.45 亿 t,年均淤积 0.05 亿 t,小浪底水库 2047 年淤满后 50 年内下游河道年均淤积 0.28 亿 t,最小平滩流量为 3 800 m³/s。古贤水库、东庄水库、碛口水库生效后,可累计减少小北干流河道淤积 45.07 亿 t,可累计减少黄河下游河道淤积 96.98 亿 t。

综上所述,黄河来沙 6 亿 t,现状工程条件下,小浪底水库拦沙库容淤满后黄河中下游防洪减淤形势依然严峻,需要尽快在黄河中游建设骨干工程,完善水沙调控体系,控制潼关高程,减少渭河下游和黄河下游河道淤积。古贤水库 2030 年生效后,拦沙期内发挥了拦沙减淤效益,减轻了下游河道淤积,但拦沙期结束后下游河道年均淤积仍达到 0.96 亿 t,仍需要建设碛口水库,完善水沙调控体系,提高对水沙的调控能力,进一步减轻河道淤积。古贤水利枢纽工程应尽早开工建设。

古贤水库、碛口水库生效后,与现状工程联合,灵活采用"上库高蓄调水,下库速降排沙,拦排结合,适时造峰"的联合减淤运用方式,可使黄河下游河道 2072 年前河床不抬高,未来坚持"拦、调、排、放、挖"多种措施综合处理和利用黄河泥沙,在下游温孟滩等滩区实施放淤,局部河段实施挖河疏浚,可长期实现黄河下游河床不抬高。

5.3.3　黄河来沙 3 亿 t 情景调控效果

计算分析了黄河来沙 3 亿 t 情景中下游调控效果。

5.3.3.1　古贤水库

古贤水库入库水沙条件见表 5-19。来沙 3 亿 t 情景方案,系列全年来水、来沙量分别为 185.89 亿 m³、1.58 亿 t,其中汛期水、沙量分别为 77.49 亿 m³、1.28 亿 t,分别占全年水、沙量的 41.69% 和 81.01%。

表 5-19　古贤水库入库水沙条件

项目	汛期(7~10 月)	非汛期(11 月至次年 6 月)	全年	汛期占比(%)
水量(亿 m³)	77.49	108.4	185.89	41.69
沙量(亿 t)	1.28	0.30	1.58	81.01

利用古贤水库一维水沙数学模型,采用 2017 年河床边界条件,计算了来沙 3 亿 t 情景方案古贤水库累计淤积变化过程,计算结果见图 5-22。根据模型计算结果,古贤水库 2030 年生效后(计算期第 13 年生效),计算期末 100 年水库累计淤积量为 67.09 亿 m³。古贤水库 2035 年生效后(计算期第 18 年生效),计算期末 100 年水库累计淤积量为 63.33 亿 m³。古贤水库 2050 年生效后(计算期第 33 年生效),计算期末 100 年水库累计淤积量为 57.68 亿 m³。不同方案水库均处于拦沙期。

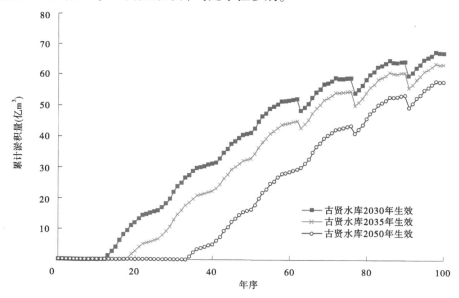

图 5-22　古贤水库累计淤积变化过程

5.3.3.2　小北干流

进入小北干流的水沙条件见表 5-20。经古贤水库调节后,进入小北干流河道的水沙量减少。古贤水库生效时间越早,对进入小北干流的水沙调节作用越强。

表 5-20　进入小北干流的水沙条件

情景	水文站	水量				沙量			
		汛期 (亿 m³)	非汛期 (亿 m³)	全年 (亿 m³)	占四站 比例(%)	汛期 (亿 t)	非汛期 (亿 t)	全年 (亿 t)	占四站 比例(%)
现状 ①	龙门	77.49	108.36	185.85	75.41	1.28	0.30	1.58	52.67
	华县	32.29	18.77	51.06	20.72	1.15	0.08	1.23	41.00
	河津	2.53	1.89	4.42	1.79	0	0	0	0.10
	湫头	3.20	1.91	5.11	2.07	0.17	0.01	0.18	6.00
	四站	115.51	130.93	246.44	100.00	2.60	0.40	3.00	100.00
古贤水库 2030 年、东庄水库 2025 年生效 ②	龙门	69.43	88.68	158.11	73.44	0.66	0.05	0.71	32.42
	华县	30.60	19.74	50.34	23.38	0.78	0.09	0.87	39.73
	河津	2.53	1.89	4.42	2.05	0	0	0	0.00
	湫头	3.20	1.90	5.10	2.37	0.17	0.01	0.18	8.22
	四站	105.78	109.52	215.30	100.00	2.07	0.12	2.19	100.00
古贤水库 2035 年、东庄水库 2025 年生效 ③	龙门	70.00	89.94	159.94	73.66	0.69	0.07	0.76	33.93
	华县	30.60	19.74	50.34	23.18	0.78	0.09	0.87	38.84
	河津	2.53	1.89	4.42	2.04	0	0	0	0.00
	湫头	3.20	1.90	5.10	2.35	0.17	0.01	0.18	8.04
	四站	106.35	110.78	217.13	100.00	2.10	0.14	2.24	100.00
古贤水库 2050 年、东庄水库 2025 年生效 ④	龙门	71.16	93.45	164.61	74.22	0.72	0.11	0.83	35.93
	华县	30.60	19.74	50.34	22.70	0.78	0.09	0.87	37.66
	河津	2.53	1.89	4.42	1.99	0	0	0	0.00
	湫头	3.20	1.90	5.10	2.30	0.17	0.01	0.18	7.79
	四站	107.52	114.28	221.80	100.00	2.13	0.18	2.31	100.00
差值 ②-①	龙门	-8.06	-19.68	-27.74	-1.98	-0.62	-0.25	-0.87	-20.50
	华县	-1.69	0.97	-0.72	-2.66	-0.37	0.01	-0.36	-1.27
	河津	0	0	0	0.26	0	0	0	0
	湫头	0	0	0	0.30	0	0	0	0
	四站	-9.73	-21.41	-31.14	0	-0.53	-0.28	-0.81	0

续表 5-20

情景	水文站	水量				沙量			
		汛期（亿 m³）	非汛期（亿 m³）	全年（亿 m³）	占四站比例（%）	汛期（亿 t）	非汛期（亿 t）	全年（亿 t）	占四站比例（%）
差值③-①	龙门	-7.49	-18.42	-25.91	-1.75	-0.59	-0.23	-0.82	-18.74
	华县	-1.69	0.97	-0.72	2.47	-0.37	0.01	-0.36	-2.16
	河津	0	0	0	0.24	0	0	0	0
	洑头	0	0	0	0.28	0	0	0	2.04
	四站	-9.16	-20.15	-29.31	0	-0.50	-0.26	-0.76	0
差值④-①	龙门	-6.33	-14.91	-21.24	-1.20	-0.56	-0.19	-0.75	-16.74
	华县	-1.69	0.97	-0.72	1.98	-0.37	0.01	-0.36	-3.34
	河津	0	0	0	0	0	0	0	0
	洑头	0	0	0	0	0	0	0	1.79
	四站	-7.99	-16.65	-24.64	0	-0.47	-0.22	-0.69	0
差值②-③	四站	-0.57	-1.26	-1.83	0	-0.03	-0.02	-0.05	0
差值③-④	四站	-1.17	-3.50	-4.67	0	-0.03	-0.04	-0.07	0

利用小北干流河道一维水沙数学模型,采用 2017 年河床边界条件,计算了 3 亿 t 情景方案,现状工程条件和古贤水库、东庄水库生效小北干流河道累计淤积变化过程,计算结果见图 5-23。

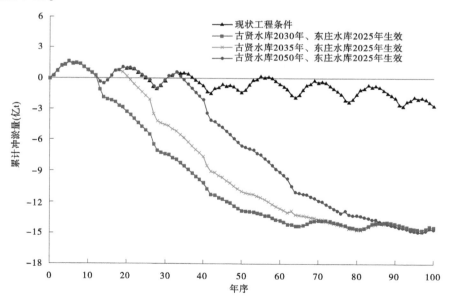

图 5-23　小北干流河道累计冲淤变化过程

现状工程条件下，小北干流河道计算期 100 年末河道累计冲刷泥沙 2.65 亿 t，年均冲刷泥沙 0.03 亿 t。古贤水库建成生效后，河道冲淤受水库出库水沙条件的影响。根据模型计算结果，古贤水库生效后，由于水库拦沙和调水调沙，小北干流河道发生冲刷，随着河床的粗化，河道冲刷发展速率变缓并趋于稳定。计算期 100 年末，古贤水库 2030 年生效、2035 年生效、2050 年生效方案，小北干流累计冲刷量相差不大，分别为 14.57 亿 t、14.36 亿 t、14.33 亿 t，相比现状工程，分别减少淤积 11.92 亿 t、11.71 亿 t、11.68 亿 t。

现状工程条件和古贤水库 2030 年、东庄水库 2025 年生效，潼关高程变化过程见图 5-24。现状工程条件下，潼关高程基本维持在 328 m 附近；古贤水库、东庄水库生效后，通过拦减泥沙、协调水沙过程，潼关高程冲刷降低；古贤水库 2030 年生效、2035 年生效、2050 年生效方案，潼关高程相差不大，计算期内最大降低 2.80 m、2.75 m、2.70 m。

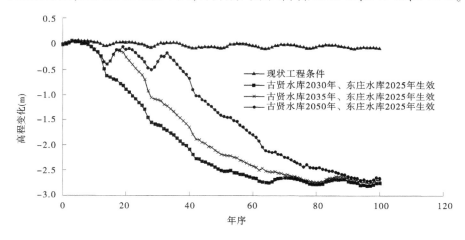

图 5-24　潼关高程变化过程

5.3.3.3　东庄水库

东庄水库入库水沙条件见表 5-21。黄河来沙 3 亿 t 情景方案，系列全年来水、来沙量分别为 10.79 亿 m³、1.03 亿 t，其中汛期水、沙量分别为 6.54 亿 m³、0.98 亿 t，占全年水、沙量的 60.61% 和 95.15%。

表 5-21　东庄水库入库水沙条件

项目	汛期（7~10 月）	非汛期（11 月至次年 6 月）	全年	汛期占比（%）
水量（亿 m³）	6.54	4.25	10.79	60.61
沙量（亿 t）	0.98	0.05	1.03	95.15

利用东庄水库一维水沙数学模型，采用 2017 年河床边界条件，计算了黄河来沙 3 亿 t 情景东庄水库累计淤积变化过程，计算结果见图 5-25。根据模型计算结果，东庄水库 2025 年生效后（计算期第 8 年生效），拦沙库容使用年限为 40 年，即 2065 年淤满，计算期末水库累计淤积量为 21.15 亿 m³。

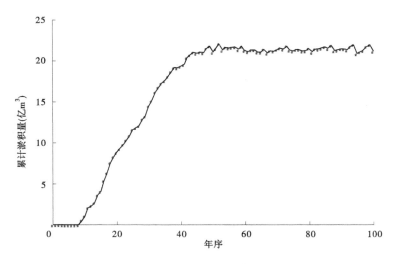

图 5-25　东庄水库累计淤积变化过程

5.3.3.4　渭河下游

利用渭河下游河道一维水沙数学模型,采用 2017 年河床边界条件,计算了黄河来沙 3 亿 t 情景,不同水库建设方案渭河下游河道累计冲淤量变化过程见图 5-26。

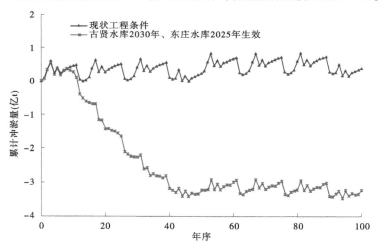

图 5-26　渭河下游河道累计冲淤变化过程

现状工程条件下,计算期 100 年末河道微淤,年均淤积 0.004 亿 t。东庄水库建成生效后,河道冲淤受水库出库水沙条件的影响。根据模型计算结果,东庄水库 2025 年生效后,由于水库拦沙和调水调沙,渭河下游河道发生冲刷,随着床沙的粗化,河道冲刷速率下降并趋于稳定,计算期 100 年末河道累计冲刷量为 3.23 亿 t,相比现状工程减淤 3.60 亿 t。

5.3.3.5　三门峡水库

利用三门峡水库一维水沙数学模型,采用 2017 年河床边界条件,计算了黄河来沙 3 亿 t 情景,不同水库建设方案三门峡水库累计淤积变化过程,计算结果见图 5-27。根据模型计算结果,三门峡水库库区多年冲淤平衡。

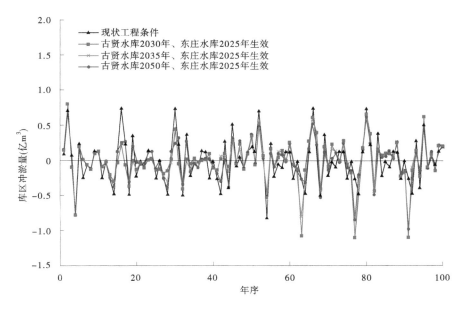

图 5-27　三门峡水库累计淤积变化过程

5.3.3.6　小浪底水库

不同水库建设方案,进入小浪底水库的入库水沙条件见表 5-22。古贤水库、东庄水库生效后,进入小浪底水库的水沙量减少,由于古贤水库、东庄水库汛期排沙,进入小浪底水库汛期的沙量占全年沙量比例增大。

利用小浪底水库一维水沙数学模型,采用 2017 年河床边界条件,计算了黄河来沙 3 亿 t 情景小浪底水库累计淤积变化过程,计算结果见图 5-28。现状工程条件下,小浪底水库剩余拦沙库容淤满年限还有 43 年,即 2060 年淤满。古贤水库 2030 年、东庄水库 2025 年生效,小浪底水库剩余拦沙库容淤满年限还有 70 年,即 2087 年淤满,可延长小浪底水库拦沙库容使用年限 27 年。古贤水库 2035 年、东庄水库 2025 年生效,小浪底水库剩余拦沙库容淤满年限还有 68 年,即 2085 年淤满,可延长小浪底水库拦沙库容使用年限 25 年。古贤水库 2050 年、东庄水库 2025 年生效,小浪底水库剩余拦沙库容淤满年限还有 54 年,即 2071 年淤满,可延长小浪底水库拦沙库容使用年限 11 年。可知,古贤水库投入时间越早,对减缓小浪底水库淤积越有利。

5.3.3.7　黄河下游河道

统计了小浪底水库拦沙期(按计算期前 50 年统计)、正常运用期(按计算期第 51~100 年统计)黄河下游河道来水、来沙量,见表 5-23、表 5-24。与现状工程条件相比,古贤水库、东庄水库生效后,中游水库群联合运用协调进入下游河道的水沙关系,进入下游河道的大流量天数、水量增大,沙量和含沙量减少。

来沙 3 亿 t 情景方案,黄河下游河道泥沙累计冲淤计算结果见图 5-29,平滩流量变化过程见图 5-30。现状工程条件下,小浪底水库 2060 年淤满,50 年内下游河道年均淤积 0.37 亿 t,随着下游河道的淤积最小平滩流量减小约 900 m³/s。

表 5-22　小浪底水库入库水沙条件

工程条件	时段	水量				沙量			
		7~10月 (亿m³)	11月至次年6月 (亿m³)	全年 (亿m³)	汛期占比 (%)	7~10月 (亿t)	11月至次年6月 (亿t)	全年 (亿t)	汛期占比 (%)
现状①	1~50年	108.80	118.05	226.85	47.96	2.86	0.16	3.02	94.70
	50~100年	108.79	118.05	226.84	47.96	2.86	0.16	3.02	94.70
	1~100年	108.79	118.05	226.84	47.96	2.86	0.16	3.02	94.70
古贤水库 2030 年、东庄水库 2025 年生效②	1~50年	107.38	109.59	216.97	49.49	1.64	0.12	1.76	93.18
	50~100年	107.10	106.39	213.49	50.17	2.20	0.06	2.26	97.35
	1~100年	107.24	107.99	215.23	49.83	1.92	0.09	2.01	95.52
古贤水库 2035 年、东庄水库 2025 年生效③	1~50年	107.70	110.86	218.56	49.28	1.81	0.13	1.94	93.30
	50~100年	107.14	106.41	213.55	50.17	2.11	0.07	2.18	96.79
	1~100年	107.42	108.64	216.06	49.72	1.96	0.10	2.06	95.15
古贤水库 2050 年、东庄水库 2025 年生效④	1~50年	107.85	114.57	222.42	48.49	2.13	0.14	2.27	93.83
	50~100年	107.27	106.45	213.72	50.19	1.93	0.07	2.00	96.50
	1~100年	107.56	110.51	218.07	49.32	2.03	0.10	2.13	95.31
差值②-①	1~50年	-1.42	-8.46	-9.88	1.53	-1.22	-0.04	-1.26	-1.52
	50~100年	-1.69	-11.66	-13.35	2.21	-0.66	-0.10	-0.76	2.64
	1~100年	-1.55	-10.06	-11.61	1.87	-0.94	-0.07	-1.01	0.82
差值③-①	1~50年	-1.10	-7.19	-8.29	1.32	-1.05	-0.03	-1.08	-1.40
	50~100年	-1.65	-11.64	-13.29	2.21	-0.75	-0.09	-0.84	2.09
	1~100年	-1.37	-9.41	-10.78	1.76	-0.90	-0.06	-0.96	0.44
差值④-①	1~50年	-0.95	-3.48	-4.44	0.53	-0.73	-0.02	-0.75	-0.87
	50~100年	-1.52	-11.60	-13.12	2.23	-0.93	-0.09	-1.02	1.80
	1~100年	-1.23	-7.54	-8.77	1.36	-0.83	-0.06	-0.89	0.60

表 5-23　进入黄河下游河道水沙量(拦沙期,按计算期前 50 年统计)

统计时段	流量级(m³/s)	现状			古贤水库 2030 年,东庄水库 2025 年生效			古贤水库 2035 年,东庄水库 2025 年生效			古贤水库 2050 年,东庄水库 2025 年生效		
		天数(d)	水量(亿m³)	沙量(亿t)	天数(d)	水量(亿m³)	沙量(亿t)	天数(d)	水量(亿m³)	沙量(亿t)	天数(d)	水量(亿m³)	沙量(亿t)
拦沙期	0~500	163.20	60.52	0.18	177.12	66.03	0.04	175.76	65.58	0.06	171.62	63.99	0.09
	500~1 000	160.30	96.45	0.18	153.46	92.44	0.12	154.14	92.76	0.14	156.66	94.17	0.15
	1 000~1 500	10.18	10.84	0.04	10.36	10.72	0.07	10.22	10.63	0.07	9.50	9.96	0.06
	1 500~2 000	9.14	13.64	0.01	3.78	5.69	0.06	3.94	5.94	0.05	5.22	7.86	0.04
	2 000~2 500	2.94	5.67	0.05	1.16	2.20	0.03	1.56	2.99	0.03	2.08	4.02	0.04
	2 500~3 000	1.38	3.22	0.04	1.36	3.24	0.12	1.34	3.18	0.08	1.36	3.21	0.10
	3 000~3 500	0.76	2.11	0.06	0.42	1.15	0.02	0.50	1.38	0.02	0.56	1.58	0.06
	3 500~4 000	8.70	28.70	1.25	9.46	32.31	0.41	9.52	32.42	0.57	9.06	30.47	0.78
	>4 000	8.40	30.39	0.03	7.88	27.95	0.05	8.02	28.45	0.05	8.94	31.95	0.05
	>2 500	19.24	64.42	1.38	19.12	64.65	0.60	19.38	65.43	0.72	19.92	67.21	0.99
	合计	365.00	251.54	1.84	365.00	241.73	0.92	365.00	243.33	1.07	365.00	247.21	1.37

表 5-24　进入黄河下游河道水沙量（正常运用期，按计算第 51~100 年统计）

统计时段	流量级 (m³/s)	现状			古贤水库2030年、东庄水库2025年生效			古贤水库2035年、东庄水库2025年生效			古贤水库2050年、东庄水库2025年生效		
		天数 (d)	水量 (亿 m³)	沙量 (亿 t)	天数 (d)	水量 (亿 m³)	沙量 (亿 t)	天数 (d)	水量 (亿 m³)	沙量 (亿 t)	天数 (d)	水量 (亿 m³)	沙量 (亿 t)
正常运用期	0~500	159.24	57.67	0.21	180.30	67.09	0.08	180.30	67.10	0.08	180.60	67.25	0.09
	500~1 000	157.72	95.87	0.25	150.24	90.59	0.15	150.48	90.79	0.16	150.12	90.54	0.16
	1 000~1 500	14.20	15.11	0.19	10.88	11.25	0.08	10.82	11.22	0.08	10.88	11.23	0.07
	1 500~2 000	12.72	19.02	0.13	4.04	6.01	0.09	4.00	5.95	0.08	4.02	5.97	0.09
	2 000~2 500	4.16	7.97	0.21	1.30	2.48	0.04	1.20	2.29	0.04	1.18	2.25	0.03
	2 500~3 000	2.02	4.76	0.08	2.10	4.95	0.24	1.96	4.62	0.22	1.92	4.52	0.22
	3 000~3 500	1.28	3.54	0.15	0.50	1.40	0.05	0.64	1.78	0.07	0.64	1.79	0.07
	3 500~4 000	7.68	25.44	1.56	9.92	34.14	0.81	9.78	33.63	0.92	9.76	33.56	1.00
	>4 000	5.98	22.42	0.07	5.72	20.49	0.09	5.82	20.83	0.12	5.88	21.05	0.10
	>2 500	16.96	56.16	1.86	18.24	60.98	1.19	18.20	60.86	1.33	18.20	60.92	1.39
	合计	365.00	251.80	2.85	365.00	238.40	1.63	365.00	238.21	1.77	365.00	238.16	1.83

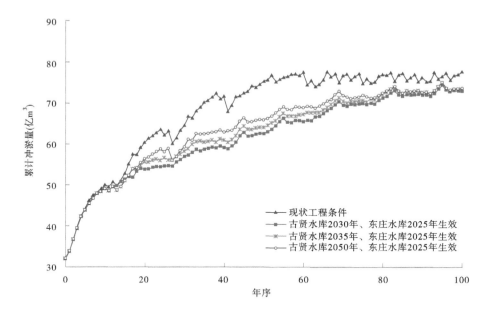

图 5-28　小浪底水库累计淤积变化过程

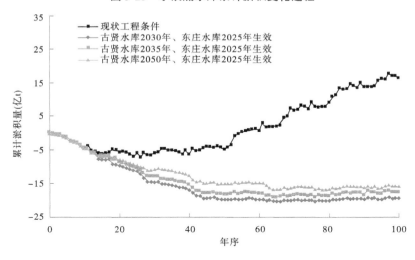

图 5-29　黄河下游河道泥沙累计冲淤计算结果

古贤水库 2030 年生效、东庄水库 2025 年生效后,小浪底水库 2087 年(计算期第 70 年)淤满后至计算期 100 年末下游河道年均淤积 0.015 亿 t,计算期末最小平滩流量在 5 000 m³/s 左右。与现状工程相比,古贤水库生效可减少黄河下游河道淤积量 35.66 亿 t。

古贤水库 2035 年生效、东庄水库 2025 年生效后,小浪底水库 2085 年(计算期第 68 年)淤满后下游河道年均淤积 0.04 亿 t,计算期末最小平滩流量在 5 100 m³/s 左右。与现状工程相比,古贤水库生效可减少黄河下游河道淤积量 33.89 亿 t。

古贤水库 2050 年生效、东庄水库 2025 年生效后,小浪底水库 2071 年(计算期第 54 年)淤满后下游河道年均淤积 0.059 亿 t,计算期末最小平滩流量在 5 000 m³/s 左右。与

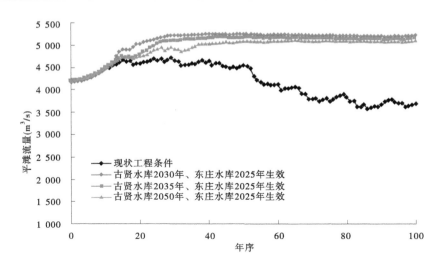

图 5-30　黄河下游河道平滩流量计算结果

现状工程相比,古贤水库生效可减少黄河下游河道淤积量 32.24 亿 t。

5.3.3.8　综合分析

未来黄河来沙 3 亿 t 情景,现状工程条件下,小北干流河道计算期 100 年末河道累计冲刷泥沙 2.65 亿 t,年均冲刷泥沙 0.03 亿 t,潼关高程基本维持在 328 m 附近;渭河下游河道微淤,年均淤积 0.004 亿 t,小浪底水库剩余拦沙库容使用年限还有 43 年,即 2060 年淤满,小浪底水库 2060 年淤满后 50 年内渭河下游河道年均淤积 0.37 亿 t,随着下游河道的淤积,中水河槽萎缩,最小平滩流量减小约 900 m³/s(见表 5-25)。

建设古贤水库、东庄水库,可降低潼关高程,延长小浪底水库拦沙库容使用年限,减少河道淤积,维持黄河下游河道 5 000 m³/s 流量左右的中水河槽。古贤水库 2030 年、东庄水库 2025 年生效方案,可降低潼关高程 2.80 m,延长小浪底水库拦沙库容使用年限 27 年,减少小北干流河道泥沙淤积量 11.92 亿 t,减少渭河下游河道泥沙淤积量 3.60 亿 t,黄河下游河道泥沙淤积量 35.66 亿 t,累计减淤量为 51.18 亿。古贤水库 2035 年、东庄水库 2025 年生效方案,可降低潼关高程 2.75 m,延长小浪底水库拦沙库容使用年限 25 年,减少小北干流河道泥沙淤积量 11.71 亿 t,减少渭河下游河道泥沙淤积量 3.60 亿 t,减少黄河下游河道泥沙淤积量为 33.89 亿 t,累计减淤量为 49.20 亿。古贤水库 2050 年、东庄水库 2025 年生效方案,可降低潼关高程 2.70 m,延长小浪底水库拦沙库容使用年限 11 年,减少小北干流河道泥沙淤积量 11.68 亿 t,减少渭河下游河道泥沙淤积量 3.60 亿 t,减少黄河下游河道泥沙淤积量为 32.24 亿 t,累计减淤量为 47.52 亿 t。

由此可知,古贤水库投入运用越早,对减缓小浪底水库淤积、延长小浪底水库拦沙库容使用年限、减缓下游河道淤积越有利。需要尽早开工建设古贤水库,完善水沙调控体系,充分发挥水库综合利用效益。古贤水库生效后,与现状工程联合,灵活采用"上库高蓄调水,下库速降排沙,拦排结合,适时造峰"的联合减淤运用方式,可长期实现黄河下游河床不抬高。

表5-25　未来黄河来沙3亿t情景水库河道冲淤计算结果（2017~2116年）

项目		工程条件	现状工程	古贤水库2030年，东庄水库2025年生效	古贤水库2035年，东庄水库2025年生效	古贤水库2050年，东庄水库2025年生效
水库	古贤水库	拦沙库容使用年限（年）	—	—	—	—
		淤积量（亿m³）	—	67.09	63.33	57.68
	东庄水库	拦沙库容使用年限（年）	—	40	40	40
		淤积量（亿m³）	—	21.15	21.15	21.15
	小浪底水库	剩余拦沙库容使用年限（年）	2060年（43年）	2087年（70年）	2085年（68年）	2071年（54年）
		淤积量（亿m³）	77.83	73.06	73.48	73.70
河道		小北干流淤积量（亿t）	-2.65	-14.57	-14.36	-14.33
		渭河下游淤积量（亿t）	0.37	-3.23	-3.23	-3.23
		黄河下游淤积量（亿t）	16.37	-19.29	-17.52	-15.87
新建工程		小北干流淤积量（亿t）		11.92	11.71	11.68
		渭河下游淤积量（亿t）		3.60	3.60	3.60
		黄河下游淤积量（亿t）		35.66	33.89	32.24
累计减淤		合计（亿t）		51.18	49.20	47.52

5.3.4　黄河来沙 1 亿 t 情景调控效果

未来黄河中游来沙量减至 1 亿 t，下游河道总体发生冲刷，但高村至艾山卡口河段仍呈现淤积趋势。尽管近期黄河水沙调控能力和防洪能力有所提高，但黄河下游"二级悬河"未进行治理，下游河道高村以上游荡型河段 299 km 河势未完全控制。未来持续小水过程形成的过分弯曲的小弯道得不到调整，直河段因水流能力小得不到应有的发展，畸形河湾将进一步发育。由于黄河主流发生摆动，形成"斜河"或"横河"，主流直冲大堤，将可能造成堤防根基松动，发生堤身坍塌，进而发展成口门，发生洪水决溢的风险。因此，在枯水枯沙条件下，需要通过水沙调控维持下游河势稳定和中水河槽规模。

5.3.4.1　调控流量

20 世纪 50 年代至 60 年代，结合对陶城铺以下险工的改建加固，有计划地建设由坝、垛、护岸组成的弯道导流工程，对陶城铺以下 322 km 长的河道进行了整治。至 20 世纪 60 年代末，陶城铺以下弯曲型河段的河势得到了控制，主流直冲堤防的概率大大降低。

"八五"期间，国家重点科技攻关项目"黄河下游游荡型河段整治研究"在已有研究成果和实践的基础上，通过实测资料分析、现场查勘，并首次采用大型河工模型试验，系统研究了下游游荡型河道整治的一系列问题，提出微弯型整治方案是适用于黄河下游游荡型河段的较好方案，确定了游荡型河道整治的原则为以防洪为主、中水整治，整治流量为 5 000 m³/s；系统规划了白鹤至陶城铺 600~1 200 m 宽的中水整治治导线，按照治导线确定整治工程位置；提出了"上平、下缓、中间陡"的弯道布置形式，并按照"以弯导流、以坝护弯"的原则改建加固险工和建设控导工程。根据该研究成果，在游荡型河段建设了一批控导工程。

1987 年以来，进入下游河道的水沙条件发生了较大变化。为研究新的水沙条件下已建河道整治工程和"八五"攻关项目研究的整治方案的适应性，1999~2001 年，在"黄河下游长远防洪形势和对策研究"和"黄河流域防洪规划"两个项目中，开展了黄河下游微弯型整治方案治导线的模型检验与修订工作。通过长系列年的实体模型试验，对规划河道整治工程的适应性及河势变化趋势进行了研究，将河道中水整治流量由 5 000 m³/s 修订为 4 000 m³/s。目前，黄河下游已按照微弯整治建设了河道整治工程 94.826 km，占《黄河流域防洪规划》中安排河道整治工程长度的近 70%，考虑与目前下游河道整治工程相适应，维持河势稳定的调控流量应为 4 000 m³/s 左右。

黄河下游河道适宜的中水河槽规模为 4 000 m³/s 左右。《黄河古贤水利枢纽工程可行性研究报告》研究了维持中水河槽的调控流量，提出为维持黄河下游 4 000 m³/s 左右的中水河槽，调控流量指标应与中水河槽规模相协调，3 500 m³/s 以上流量级的洪水须具有一定比重。通过黄河下游不同流量级和不同含沙量级下游淤积效率、洪水流量与排沙比的关系研究，从有利于下游河道减淤的角度，提出长期维持中水河槽的调控流量为 3 500~4 000 m³/s。

全国主要江河洪水编号规定(国汛〔2013〕6 号)，黄河洪水编号的条件之一为下游花园口水文站流量达到 4 000 m³/s，当花园口流量超出 4 000 m³/s 时，即发布水情预警。因而下游调控流量指标不宜大于 4 000 m³/s。

综合以上分析,调控流量采用 3 500~4 000 m³/s。

5.3.4.2　调控水量

通过分析近期下游连续大流量过程水量,相应时段典型河段河势变化、工程靠溜情况以及河道弯曲率变化,综合确定维持下游河势稳定的调控水量。

1. 近期下游连续大流量过程水量分析

根据花园口站实测资料,分析了 1999 年以来连续 6 d 大流量过程水沙特征值见表 5-26、图 5-31,可以看出,1999 年以来,连续 6 d 大流量过程平均水量为 15.49 亿 m³,平均流量为 2 988 m³/s,平均含沙量为 24.26 kg/m³;最小水量为 2000 年的 3.94 亿 m³,平均流量为 760 m³/s;最大水量为 2018 年的 21.11 亿 m³,平均流量达到 4 072 m³/s。

表 5-26　1999 年以来花园口站连续 6 d 大流量过程水沙特征值

年份	累计水量(亿 m³)	累计沙量(亿 t)	平均流量(m³/s)
1999	11.20	1.45	2 160
2000	3.94	0.03	760
2001	4.82	0.06	930
2002	14.64	0.39	2 823
2003	13.79	0.58	2 660
2004	14.41	1.42	2 780
2005	16.52	0.30	3 187
2006	19.59	0.16	3 778
2007	20.17	0.29	3 890
2008	20.44	0.35	3 943
2009	20.23	0.06	3 902
2010	20.74	0.33	4 002
2011	20.36	0.24	3 928
2012	21.09	0.37	4 068
2013	20.23	0.30	3 903
2014	17.61	0.13	3 397
2015	15.53	0.02	2 997
2016	7.79	0.01	1 503
2017	5.55	0	1 070
2018	21.11	1.04	4 072
平均	15.49	0.38	2 988

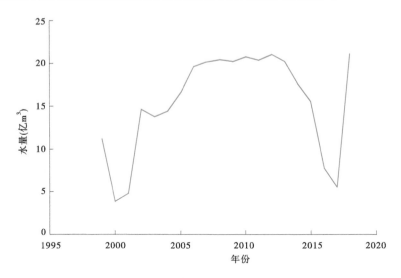

图 5-31　1999 年以来花园口站连续 6 d 最大水量过程

2. 典型河段河势变化分析

大宫至府君寺河段、欧坦至东坝头河段河势变化分别见图 5-32、图 5-33,从图中可以看出,2002 年调水调沙之前,下游持续小流量过程,大宫至府君寺河段形成 S 形的畸形河势,欧坦至东坝头河段之间形成了 Ω 形的畸形河势。小浪底水库调水调沙运用后,2002~2011 年持续下泄大流量过程,年均连续 6 d 最大水量达到 19.06 亿 m³,平均流量达到3 676 m³/s,在持续大水作用下,欧坦至东坝头河段畸形河势有所改善。至 2012 年连续 6 d 最大水量达到 21 亿 m³ 以上,大宫至府君寺河段、欧坦至东坝头河段畸形河势彻底消除,主流基本沿规划治导线行进,河势规顺。

开仪至化工河段河势变化见图 5-34,从图中可以看出,2019 年之前,开仪至化工河段存在 Ω 形的畸形河势,2018 年连续 6 d 最大水量达到 21 亿 m³ 以上,畸形河势彻底消失,流路基本规顺,河势大为改善。

从典型河段畸形河势改善角度来看,需要调控水量为 19 亿~21 亿 m³。

3. 河道整治工程靠河变化分析

分析了 2002 年调水调沙以来下游河南段河道工程靠河情况,见表 5-27、图 5-35 ~图 5-37。

表 5-27　下游河南段河道工程靠河情况

河段	靠河工程数(个)	坝垛数(个)	靠河工程长度(km)
小浪底至京广铁桥	14~18	207~379	22.7~43.4
京广铁桥至东坝头	19~36	254~610	20.0~58.5
东坝头以下	21~27	278~468	26.4~44.9
合计	54~81	805~1 409	76.1~140.5

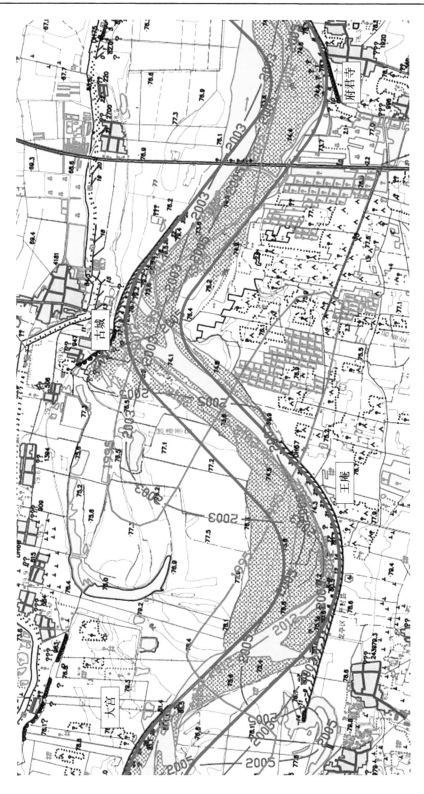

图 5-32　大宫至府君寺河段河势变化图

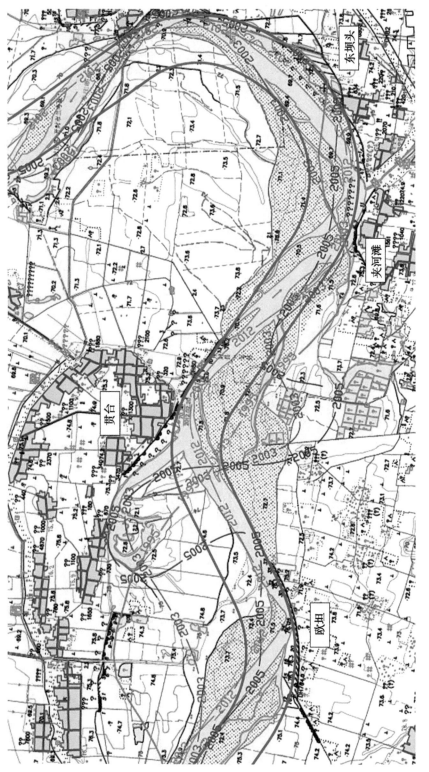

图 5-33　欧坦至东坝头河段河势变化图

图 5-34　开仪至化工河段河势变化图

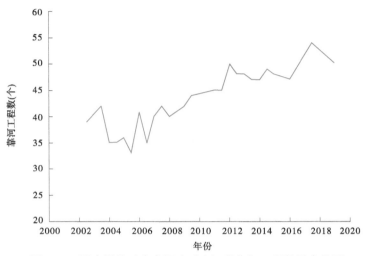

图 5-35　调水调沙以来东坝头以上河段靠河工程数量变化图

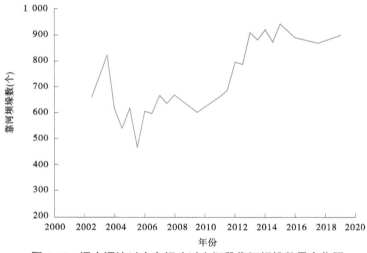

图 5-36　调水调沙以来东坝头以上河段靠河坝垛数量变化图

2002 年调水调沙以来,河南河段工程靠河情况逐年好转。尤其是 2006 年以来,东坝头以上游荡型河段靠河情况大幅好转,2006 年,东坝头以上河段共有 35 处工程,596 个坝垛靠河,靠河工程长度为 55.98 km;到 2019 年汛前,河南河段共有 50 处工程,898 处坝垛靠河,靠河工程长度达到 93.91 km,较 2006 年汛后增加 67.8%。

2006 年以来,一次洪水连续 6 d 大流量过程平均水量为 17.57 亿 m³,平均流量为 3 390 m³/s,即在这种大流量过程下形成的流路与现状游荡型河段整治工程相适应,因此从适应塑造维持与现状河道整治工程相适应流路来看,一次洪水调控水量应在 17 亿~18 亿 m³。

5.3.4.3　未来大型水库联合调控模式

经分析,塑造维持与现状黄河下游河道整治工程相适应的流路所需要的中游水库一

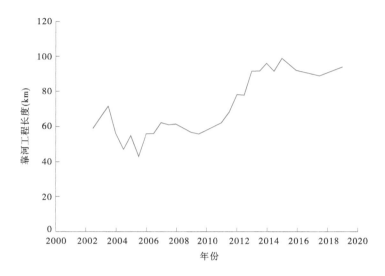

图 5-37　调水调沙以来东坝头以上河段靠河工程长度变化图

次洪水调控水量为 17 亿~18 亿 m³,改善消除畸形河势所需的中游水库一次洪水调控水量为 19 亿~21 亿 m³。

现状工程条件下,汛期万家寨水库、三门峡水库调节库容较小,主汛期调水调沙以小浪底水库为主。当前,小浪底水库运用处于拦沙后期第一阶段,根据小浪底水库拦沙后期运用方式,结合水库蓄水情况和上游来水情况,水库适时开展造峰,凑泄花园口站流量大于等于 3 700 m³/s、历时不少于 5 d 的水沙过程,冲刷减少下游河道淤积。但从维持下游河势稳定来看,小浪底水库泄放的水量不能满足塑造维持与现状黄河下游河道整治工程相适应的流路和改善消除畸形河势所需要的调控水量。小浪底水库淤满后调水调沙库容也仅 10 亿 m³,扣除调沙库容后,有效的调水库容仅 5 亿 m³ 左右,无法满足维持下游河势稳定的水量要求。下游防洪安全风险依然较大。

未来,仍需要在小浪底水库以上建设古贤水利枢纽工程,提供适宜的调水调沙库容,与小浪底水库联合调水调沙运用,维护下游河道河势稳定,维持下游河道中水河槽规模。

5.4　小　结

(1)黄河水少沙多、水沙关系不协调,是黄河复杂难治的症结所在。当前,黄河中下游仅以小浪底水库为主调水调沙,缺乏中游的骨干工程配合,后续动力不足,难以充分发挥水沙调控整体合力,也难以解决冲刷降低潼关高程的问题。按照大堤不决口、河道不断流、河床不抬高等多目标需求,在现状防洪减淤及水沙调控基础上,提出未来进一步完善水沙调控体系,解决黄河水沙调控动力不足与防洪防凌问题。在黄河来沙量较大(8 亿 t、6 亿 t)时,古贤水库生效后,拦沙期内减轻了下游河道淤积,拦沙期结束后下游河道依然淤积抬升,仍需要建设碛口水库完善水沙调控体系,提高对水沙的调控能力,进一步减轻河道淤积。应尽早开工建设古贤水库、适时建设碛口水利枢纽工程,与现状工程联合拦沙和调水调沙运用,减少水库和下游河道淤积,维持中水河槽行洪输沙功能和河势稳定,冲刷降低潼关高程。黄河来沙3亿t时,需要尽早开工建设古贤水利枢纽工程,减缓小浪底水库淤积、延长小浪底水库拦沙库容使用年限、减缓下游河道淤积。黄河来沙量为1亿t左右时,仍需要开工建设古贤水库,通过设置适宜的调水调沙库容,与现状工程联合调水调沙运用,维持中水河槽行洪输沙功能和河势稳定。

(2)古贤水库生效后,黄河中游将形成相对完善的洪水泥沙调控子体系。古贤水库拦沙初期,可联合三门峡水库、小浪底水库及支流水库,采用"蓄水拦沙,适时造峰"的减淤运用方式,冲刷降低潼关高程,恢复小浪底水库槽库容及下游河道中水河槽规模,尽量为拦沙后期水库运用创造好的条件。古贤水库拦沙后期,可联合三门峡水库、小浪底水库及支流水库,根据水库和下游河道的冲淤状态,灵活采用"上库高蓄调水,下库速降排沙,拦排结合,适时造峰"的联合减淤运用方式。古贤水库正常运用期,在保持古贤、小浪底两座水库防洪库容的前提下,利用两座水库的槽库容对水沙进行联合调控,增加黄河下游和两座水库库区大水排沙和冲刷机遇,长期发挥水库的调水调沙作用。东庄水库主要用于调控泾河洪水泥沙,采用"泄大拦小、适时排沙"的减淤运用方式,减轻渭河下游河道淤积,并相机配合干流调水调沙,补充小浪底调水调沙后续动力。碛口水库投入运用后,通过与古贤水库、三门峡水库和小浪底水库联合拦沙和调水调沙,可长期协调黄河水沙关系,减少下游及小北干流泥沙淤积,维持河道中水河槽行洪输沙能力。同时,承接上游子体系水沙过程,适时蓄存水量,为古贤水库、小浪底水库提供调水调沙后续动力,在减少河道淤积的同时,恢复水库有效库容。当碛口水库泥沙淤积严重、需要排沙时,可利用其上游来水和万家寨水库的蓄水量对其进行冲刷,恢复库容。

(3)黄河中游来沙量较大(8亿t、6亿t)时,古贤水库、碛口水库生效后与现状工程联合,灵活采用"上库高蓄调水,下库速降排沙,拦排结合,适时造峰"的联合减淤运用方式,使黄河下游河道2060年(8亿t情景)、2072年(6亿t情景)之前河床不抬高,未来坚持"拦、调、排、放、挖"多种措施综合处理和利用黄河泥沙,可长期实现下游河床不抬高;黄河来沙3亿t时,古贤水库生效后,与现状工程联合运用,可长期实现黄河下游河床不抬高。黄河来沙量为1亿t时,需要开工建设古贤水库,通过设置适宜的调水调沙库容,维持中水河槽行洪输沙功能和河势稳定。

第 6 章　结　论

6.1　主要结论

6.1.1　水沙变化背景下黄河防洪减淤和水沙调控对策研究的必要性

　　黄河水少沙多、水沙关系不协调,是黄河复杂难治的症结所在。防洪减淤和水沙调控体系是应对黄河水少沙多、水沙关系不协调的关键治理措施。人民治黄以来,通过一系列防洪减淤工程的修建,基本形成了"上拦下排,两岸分滞"的防洪工程体系,同时结合防洪非工程措施的建设,在黄河防洪治理方面取得了很大成效,洪水灾害得到一定程度的控制,促进了流域经济社会的健康发展。通过在黄河干流修建龙羊峡水库、刘家峡水库、三门峡水库、小浪底水库等四座骨干工程,支流修建陆浑水库、故县水库、河口村水库,初步形成黄河水沙调控工程体系,结合水沙调控非工程体系的建设,在防洪(防凌)、减淤、供水、灌溉、发电等方面发挥了巨大的综合效益,有力地支持了沿黄地区经济社会的可持续发展。但黄河水少沙多、水沙关系不协调局面依然存在,黄河水沙调控体系尚未构建完善,小浪底水库调水调沙后续动力不足,水沙调控整体合力难以充分发挥,潼关高程长期居高不下,下游河道防洪短板突出;宁蒙河段淤积形成新悬河。20 世纪 80 年代中期以来,黄河水沙情势发生了变化,直接影响黄河水沙调控体系布局等未来治黄方略的制定。基于此,结合近期水沙变化条件,按照大堤不决口、河道不断流、河床不抬高等要求,明确新形势下黄河的防洪减淤和水沙调控需求、如何调整防洪减淤和水沙调控策略,研究提出水沙变化背景下黄河防洪减淤和水沙调控对策,是未来黄河治理策略需要研究的重要内容。

6.1.2　黄河防洪减淤和水沙调控运行现状和效果

　　目前黄河水沙调控体系已建成工程包括干流的龙羊峡水库、刘家峡水库、海勃湾水库、万家寨水库、三门峡水库、小浪底水库和支流的陆浑水库、故县水库、河口村水库。现状水沙调控,以龙羊峡水库、刘家峡水库、三门峡水库、小浪底水库 4 座骨干工程为主体,海勃湾水库、万家寨水库为补充,支流水库配合完成。水沙调控工程体系联合调度运用,尽量延长骨干工程拦沙库容的使用年限,长期保持水库的有效库容。目前干流的龙羊峡水库、刘家峡水库、海勃湾水库、小浪底水库处于淤积状态,万家寨水库、三门峡水库处于冲淤平衡状态。水库运用改变了径流、泥沙年内分配比例和过程,对宁蒙河道、小北干流河道和黄河下游河道产生了不同程度的影响。1986 年龙羊峡水库和刘家峡水库联合运用以来,黄河上游有利于输沙的大流量过程减少,水流长距离输沙动力减弱,致使粒径小于 0.1 mm 的泥沙在宁蒙河段由总体冲刷转变为大量淤积,宁蒙河道淤积萎缩加重,中水河槽过流能力减小,河段防凌防洪形势严峻。2002 年三门峡水库改变运用方式以来,来水来沙条件较为有利,小北干流河道年均冲刷 0.21 亿 t,潼关高程维持在 328 m 附近。1999 年小浪底水库下闸蓄水以来,黄河下游河道全程冲刷,至 2020 年汛前下游河道累计冲刷量达 29.24 亿 t,河道最小平滩流量由 2002 年汛前的 1 800 m³/s 增加至 2020 年汛前的 4 350 m³/s。

6.1.3　未来黄河防洪减淤和水沙调控需求

提出了未来水沙情景方案,黄河上游干流下河沿站水量为 286.3 亿 m³、沙量为 0.95 亿 t,宁蒙河段支流来沙 0.61 亿 t,风沙 0.16 亿 t。黄河中游四站考虑来沙 8 亿 t、6 亿 t、3 亿 t、1 亿 t 四种情景方案,来沙 8 亿 t 情景四站年水量 272.29 亿 m³、年沙量 7.93 亿 t;来沙 6 亿 t 情景,四站年水量 262.28 亿 m³、年沙量 5.95 亿 t;来沙 3 亿 t 情景,四站年水量 246.44 亿 m³、年沙量 3.00 亿 t;来沙 1 亿 t 情景,四站年水量 225.44 亿 m³、年沙量 1.03 亿 t。

根据现状工程运用方式,开展了宁蒙河段泥沙冲淤计算。现状条件下,未来 50 年,宁蒙河段年均淤积泥沙 0.59 亿 t,淤积主要集中在内蒙古河段,年均淤积量为 0.54 亿 t。随着河道的淤积,中水河槽逐渐萎缩,过流能力减小,最小平滩流量将由现状的 1 600 m³/s 减小到 1 000 m³/s 左右(巴彦高勒至头道拐河段)。龙羊峡水库、刘家峡水库运用导致宁蒙河段有利于输沙的大流量减小,未来河道仍将持续淤积萎缩。调整龙羊峡水库、刘家峡水库运用方式,可以减缓宁蒙河段淤积,但不能解决宁蒙河段河槽萎缩问题,同时对工农业用水、梯级发电产生不利影响,且受管理体制制约。从解决宁蒙河段泥沙淤积加重、中水河槽萎缩的需要出发,未来需要在黄河上游修建大型骨干水库工程,对龙羊峡水库、刘家峡水库下泄水量进行反调节,改善进入宁蒙河段的水沙条件,冲刷恢复宁蒙河段中水河槽规模。

未来 50 年黄河来沙 8 亿 t、6 亿 t、3 亿 t、1 亿 t 不同情景方案下,小北干流河道年均冲淤量分别为 0.56 亿 t、0.32 亿 t、−0.03 亿 t、−0.14 亿 t,渭河下游河道年均冲淤量分别为 0.17 亿 t、0.11 亿 t、0.004 亿 t、−0.05 亿 t,潼关高程在来沙 8 亿 t、6 亿 t 时年均抬升 0.009 m、0.006 m,即便在来沙量 3 亿 t 以下,潼关高程仍然居高不下,维持在 328 m 附近。潼关高程长期居高不下,造成渭河下游防洪形势严峻,即使在 2002 年三门峡水库改变运用方式,进一步降低运用水位,同期来水来沙条件较为有利的条件下,潼关高程仍维持在 328 m 附近。为解决渭河下游河道淤积问题,当前在渭河支流泾河修建东庄水利枢纽。东庄水库可有效减轻下游河道淤积,维持渭河下游河道 38 年不淤积抬升,但是东庄水库只控制了黄河不足 5% 的水量,对冲刷降低潼关高程作用有限。长期治黄实践表明,通过调控北干流河段洪水泥沙塑造大流量过程是冲刷降低潼关高程的有效措施。当前黄河北干流河段缺少控制性骨干工程,不能控制北干流的洪水泥沙,在控制潼关高程和治理小北干流方面存在局限性,未来还需在黄河中游修建大型骨干水库工程。

未来黄河来沙 8 亿 t、6 亿 t、3 亿 t 不同情景方案下,小浪底水库拦沙库容淤满时间分别为 2030 年、2037 年、2060 年,来沙 1 亿 t 情景方案下,小浪底水库将于 100 年后淤满。黄河来沙 8 亿 t、6 亿 t、3 亿 t 在小浪底水库拦沙库容淤满后 50 年内下游河道年均淤积

2.04 亿 t、1.37 亿 t、0.37 亿 t;来沙 1 亿 t 情景方案下小浪底水库拦沙库容尚未淤满,下游河道整体发生冲刷,高村至艾山卡口河段有所淤积;在来沙量比较大(8 亿 t、6 亿 t)时,随着下游河道的淤积,最小平滩流量将降低至 2 440 m³/s、2 800 m³/s。现状万家寨水库、三门峡水库调节库容小,能够提供的后续动力有限,现状调水和调沙存在矛盾,小浪底水库蓄水多调沙困难,蓄水少无法满足调水调沙的水量要求。小浪底水库拦沙库容淤满后仅剩 10 亿 m³ 调水调沙库容,扣除调沙库容后,有效的调水库容仅 5 亿 m³ 左右,无法满足调水调沙库容要求。尽管近期黄河水沙调控能力和防洪能力有所提高,但黄河下游“二级悬河”态势严重,下游河道高村以上游荡型河段 299 km 河势未完全控制,尤其未来持续小水过程形成的过分弯曲的小弯道得不到调整,直河段因水流能力小得不到应有的发展,畸形河湾将进一步发育,形成“斜河”或“横河”,主流直冲大堤,将可能造成堤防决溢的风险,下游防洪安全风险依然较大。因此,未来仍需要在小浪底水库上游修建骨干水库,调控进入下游河道的泥沙,协调进入黄河下游的水沙关系,维持下游河势稳定。

6.1.4　未来黄河上游防洪减淤和水沙调控模式和效果

基于防洪减淤和水沙调控需求分析结果,未来 50 年黄河上游来水来沙过程无法满足冲刷恢复宁蒙河段中水河槽的需要,河道年均淤积 0.59 亿 t,平滩流量最小降低至 1 000 m³/s 左右,调整龙羊峡水库、刘家峡水库运用方式不能彻底解决问题。

按照大堤不决口、河道不断流、河床不抬高等多目标要求,从解决协调宁蒙河道水沙关系和供水发电矛盾的需求,未来需要在黄河上游干流修建黑山峡水利枢纽工程。黑山峡水库提供调水调沙库容和防凌库容,与龙羊峡水库、刘家峡水库联合运用,调控流量 2 500 m³/s 以上、历时不小于 15 d、年均应达到 30 d 的大流量过程,遏制新“悬河”发展态势,控制宁蒙河段凌情,并实时为中游子体系提供动力。

通过多方案作用效果研究,黑山峡水库可长期改善宁蒙河段水沙关系,使宁蒙河道 50 年内不淤积,较长时期内维持宁蒙河段平滩流量 2 500 m³/s,消除龙羊峡水库、刘家峡水库汛期大量蓄水运用对宁蒙河段造成的不利影响,辅助挖等措施,长期实现宁蒙河段河床不抬高;调节径流为宁蒙河段工农业和生态灌区适时供水。从长期维持宁蒙河段中水河槽和防凌、供水等综合兴利效益方面看,黑山峡河段一级开发方案优于二级开发方案。

6.1.5　未来黄河中下游防洪减淤和水沙调控模式和效果

黄河水少沙多、水沙关系不协调,是黄河复杂难治的症结所在。当前,黄河中下游仅以小浪底水库为主调水调沙,缺乏中游的骨干工程配合,后续动力不足,难以充分发挥水沙调控整体合力,也难以解决冲刷降低潼关高程的问题。按照大堤不决口、河道不断流、河床不抬高等多目标需求,在现状防洪减淤及水沙调控基础上,提出未来进一步完善水沙调控体系,解决黄河水沙调控动力不足与防洪防凌问题。在黄河来沙量较大(8 亿 t、6 亿 t)时,古贤水库生效后,拦沙期内减轻了下游河道淤积,拦沙期结束后下游河道依然淤积抬升,仍需要建设碛口水库完善水沙调控体系,提高对水沙的调控能力,进一步减轻河道淤积。应尽早开工建设古贤水库,适时建设碛口水利枢纽工程,与现状工程联合拦沙和调水调沙运用,减少水库和下游河道淤积,维持中水河槽行洪输沙功能和河势稳定,冲刷降低潼关高程。黄河来沙3亿t时，需要尽早开工建设古贤水利枢纽工程，减缓小浪底水库淤积、延长小浪底水库拦沙库容使用年限、减缓下游河道淤积。黄河来沙量为1亿t左右时，仍需要开工建设古贤水库，通过设置适宜的调水调沙库容，与现状工程联合调水调沙运用，维护下游河道河势稳定，维持下游河道中水河槽规模。

古贤水库生效后，黄河中游将形成相对完善的洪水泥沙调控子体系。古贤水库拦沙初期，可联合三门峡水库、小浪底水库及支流水库，采用"蓄水拦沙，适时造峰"的减淤运用方式，冲刷降低潼关高程，恢复小浪底水库槽库容及下游河道中水河槽规模，尽量为拦沙后期水库运用创造好的条件；古贤水库拦沙后期，可联合三门峡水库、小浪底水库及支流水库，根据水库和下游河道的冲淤状态，灵活采用"上库高蓄调水、下库速降排沙、拦排结合、适时造峰"的联合减淤运用方式。古贤水库正常运用期，在保持古贤水库、小浪底水库两座水库防洪库容的前提下，利用两座水库的槽库容对水沙进行联合调控，增加黄河下游和两座水库库区大水排沙和冲刷机遇，长期发挥水库的调水调沙作用。东庄水库主要用于调控泾河洪水泥沙，采用"泄大拦小、适时排沙"的减淤运用方式，减轻渭河下游河道淤积，并相机配合干流调水调沙，增强小浪底水库调水调沙后续动力。碛口水库投入运用后，通过与中游的古贤水库、三门峡水库和小浪底水库联合拦沙和调水调沙，可长期协调黄河水沙关系，减少黄河下游及小北干流河道淤积，维持河道中水河槽行洪输沙能力。同时，承接上游子体系水沙过程，适时蓄存水量，为古贤水库、小浪底水库提供调水调沙后续动力，在减少河道淤积的同时，恢复水库的有效库容，长期发挥调水调沙效益。当碛口水库泥沙淤积严重、需要排沙时，可利用其上游的来水和万家寨水库的蓄水量对其进行冲刷，恢复库容。

未来黄河来沙8亿t情景，古贤水库2030年、东庄水库2025年生效方案，小浪底水库已于2030年淤满，不能延长小浪底水库拦沙年限，但与小浪底水库联合运用，可长期发挥下游河道的减淤效益，计算期末，减少小北干流河道的泥沙淤积量46.89亿t，减少渭河下游河道的泥沙淤积量9.25亿t，减少黄河中下游河道泥沙淤积量为102.11亿t，累计新增减淤量158.25亿t。古贤水库拦沙期内发挥了拦沙减淤效益，减轻了下游河道淤积，但拦沙期结束后下游河道年均淤积仍达到1.55亿t，仍需要建设碛口水库完善水沙调控体系，提高对水沙的调控能力，进一步减轻河道淤积。碛口水库2050年生效后，拦减进入古贤水库、三门峡水库、小浪底水库和河道的泥沙，可延长古贤水库拦沙年限12年，与古贤水库、东庄水库联合运用计算期末可减少小北干流河道淤积量61.31亿t，减少渭河下游河道淤积量9.25亿t，减少黄河下游河道淤积量131.10亿t，累计新增减淤量201.66亿t，比无碛口方案新增减淤积量43.41亿t。古贤水库、碛口水库生效后，通过古贤水库、碛口水库与现状工程联合运用，即通过"拦、调、排"措施，可使黄河下游河道2060年前河床不抬高，未来仍需要坚持"拦、调、排、放、挖"多种措施综合处理和利用黄河泥沙，在下游温孟滩等滩区实施放淤，局部河段实施挖河疏浚，实现黄河下游河床不抬高。

未来黄河来沙6亿t情景，古贤水库2030年生效后，可延长小浪底水库拦沙年限10年，与小浪底水库联合运用，可发挥"1+1>2"的效果。古贤水库、东庄水库生效后，与小浪底水库联合运用，计算期末减少小北干流河道泥沙淤积量40.58亿t，减少渭河下游河道泥沙淤积量4.38亿t，减少黄河中下游河道泥沙淤积量为76.43亿t，累计减淤量为

121.39亿t。古贤水库拦沙期内发挥了拦沙减淤效益,减轻了下游河道淤积,但拦沙期结束后下游河道年均淤积仍达到0.96亿t,仍需要建设碛口水库完善水沙调控体系,提高对水沙的调控能力,进一步减轻河道淤积。碛口水库2050年生效后,可延长古贤水库拦沙年限20年,与古贤水库、东庄水库联合运用,可减少小北干流河道泥沙淤积量45.07亿t,减少渭河下游河道泥沙淤积量4.38亿t,减少黄河下游河道泥沙淤积量为96.99亿t,累计减淤量为146.44亿t,比无碛口方案新增减淤量25.05亿t。古贤水库、碛口水库生效后,通过古贤水库、碛口水库与现状工程联合运用,即通过"拦、调、排"措施,可使黄河下游河道2072年前河床不抬高,未来仍需要坚持"拦、调、排、放、挖"多种措施综合处理和利用黄河泥沙,在下游温孟滩等滩区实施放淤,局部河段实施挖河疏浚,实现黄河下游河床不抬高。

未来黄河来沙3亿t情景,计算期末古贤水库仍处于拦沙期。古贤水库2030年、东庄水库2025年生效方案,可延长小浪底水库拦沙库容使用年限27年,减少小北干流河道泥沙淤积量11.92亿t,减少渭河下游河道泥沙淤积量3.60亿t,减少黄河下游河道泥沙淤积量为35.66亿t,累计减淤量为51.18亿t。古贤水库2035年、东庄水库2025年生效方案,可延长小浪底水库拦沙库容使用年限25年,减少小北干流河道泥沙淤积量11.71亿t,减少渭河下游河道泥沙淤积量3.60亿t,减少黄河下游河道泥沙淤积量为33.89亿t,累计减淤量为49.20亿t。古贤水库2050年、东庄水库2025年生效方案,可延长小浪底水库拦沙库容使用年限11年,减少小北干流河道泥沙淤积量11.68亿t,减少渭河下游河道泥沙淤积量3.60亿t,减少黄河下游河道泥沙淤积量为32.24亿t,累计减淤量为47.52亿t。可知,古贤水库投入运用越早,对减缓小浪底水库淤积、延长小浪底水库拦沙库容使用年限、减缓下游河道淤积越有利。因此,仍需要尽早开工建设古贤水库,完善水沙调控体系,充分发挥水库综合利用效益。古贤水库生效后,通过古贤水库与现状工程联合运用,可长期实现黄河下游河床不抬高。

未来黄河来沙在3亿t以下时,从维持下游河势稳定来看,小浪底水库泄放的水量不能满足塑造维持与现状黄河下游河道整治工程相适应的流路和改善消除畸形河势所需要的调控水量。小浪底水库淤满后调水调沙库容也仅10亿m^3,扣除调沙库容后,有效的调水库容仅5亿m^3左右,无法满足维持下游河势稳定的水量要求,下游防洪安全风险依然较大。未来,仍需要在小浪底水库以上建设古贤水利枢纽工程,通过设置适宜的调水调沙库容,与现状工程联合调水调沙运用,维持中水河槽的行洪输沙功能和河势稳定。

6.2 认识和展望

(1)黄河水少、沙多,水沙关系不协调是黄河复杂难治的症结所在,大量的泥沙淤积使河道持续抬高,造成历史上黄河下游堤防决口、河道改道频繁,洪水泥沙灾害严重。人民治黄以来,水沙治理取得显著成效,黄河防洪减灾体系基本建成,保障了伏秋大汛岁岁安澜,龙羊峡、小浪底等大型水利工程充分发挥作用,黄河下游河道萎缩态势得到初步遏制,实测入黄沙量也显著减小。但是当前黄河水沙调控体系尚不完善,难以形成整体合力,小浪底水库调水调沙后续动力不足,潼关高程长期居高不下,下游河道防洪短板突出。

建设完善的黄河水沙调控体系是解决黄河水少、沙多、水沙关系不协调的重要手段,是实现黄河长治久安的重要战略措施。古贤水利枢纽在黄河水沙调控体系中具有承上启下的战略地位,对保障黄河下游防洪安全、优化配置水资源具有重要作用。尽快建设古贤水利枢纽,使古贤水库、小浪底水库联合拦沙和调控水沙,有利于充分发挥河道较强的行洪输沙能力、尽量多输沙入海、减少河道淤积,较长时期内维持中水河槽行洪输沙功能,保证黄淮海平原经济社会稳定发展,同时,还可使潼关高程下降 2.0 m 左右,并长时期保持较低水平。数学模型计算结果也表明,古贤水库在小浪底水库拦沙库容淤满前投入运用要比在小浪底水库拦沙库容淤满后投入运用更能长期发挥水库联合运用的效果,因此应加快古贤水利枢纽前期的工作进程,争取在小浪底水库剩余部分拦沙库容时建成生效,增强小浪底水库调水调沙的后续动力,更好地发挥水沙调控合力。

(2)黑山峡水利枢纽是解决黄河内蒙古河段防洪、防凌问题,优化配置黄河水资源和南水北调西线入黄水量的关键性工程,对促进附近地区生态保护和高质量发展具有重要的作用。黑山峡河段一级开发方案可长期改善宁蒙河段水沙关系,遏制新"悬河"发展态势,维持宁蒙河段平滩流量 2 500 m³/s,消除龙羊峡水库、刘家峡水库汛期大量蓄水运用对宁蒙河段造成的不利影响,调节径流为宁蒙河段工农业和生态灌区适时供水。当前应加快黑山峡河段开发方案论证,为黑山峡水利枢纽的立项、前期工作开展创造条件。

(3)未来考虑黄河水沙调控体系工程相继建设生效,通过水库群水沙联合调控作用,可基本控制进入下游河道和宁蒙河段的洪水,显著减缓河道泥沙淤积,使中水河槽行洪输沙能力得以长期维持。但是,由于黄河在相当长时期内仍是一条多泥沙河流,水沙调控体系拦沙库容淤满后,入黄泥沙大于 3 亿 t,下游河道仍呈现淤积状态,需要坚持"拦、调、排、放、挖"多种措施综合处理和利用黄河泥沙,实现黄河下游河床不抬高。黄河治理保护是一项长期而又艰巨的任务,解决黄河洪水、泥沙、水资源等问题,仅靠一种途径、一种措施是远远不够的,还必须立足长远,按照治黄规划的总体安排,采取多种措施相互配合,综合治理。

参 考 文 献

[1] 胡春宏.黄河流域水沙变化机理与趋势预测[J].中国环境管理,2018(1):97-98.

[2] 胡春宏,张晓明,赵阳.黄河泥沙百年演变特征与近期波动变化成因解析[J].水科学进展,2020(5):725-733.

[3] 胡春宏,陈绪坚,陈建国.21世纪黄河泥沙的合理安排与调控[J].中国水利,2010(9):13-16.

[4] 杨庆安,龙毓骞等.黄河三门峡水利枢纽运用与研究[M].郑州:河南人民出版社,1995.

[5] 三门峡水库运用经验总结项目组.黄河三门峡水利枢纽运用研究文集[M].郑州:河南人民出版社,1994.

[6] 李旭东,翟家瑞.三门峡水库调度工作回顾和展望[J].泥沙研究,2001(2):62-65.

[7] 杜殿勋,朱厚生.三门峡水库水沙综合调节优化调度运用的研究[J].水力发电学报,1992(2):12-23.

[8] 段敬望,王海军,李星瑾.三门峡水库"蓄清排浑"运行探索与实践[J].华中电力,2004(4):34-37.

[9] 黄河水利委员会.黄河首次调水调沙试验[M].郑州:黄河水利出版社,2003.

[10] 水利部黄河水利委员会.黄河调水调沙理论与实践[M].郑州:黄河水利出版社,2013.

[11] 林秀山.黄河小浪底水利枢纽文集[M].郑州:黄河水利出版社,1997.

[12] 涂启华,安催花,曾芹,等.小浪底水库运用方式研究[J].黄河小浪底水利枢纽文集(二),2001,9.

[13] Tu Qihua,An cuihua,Zeng Qing. Riverbed evolution of the lower Yellow River and water and sediment regulation by Xiaolangdi Reservoir [J]. Proceedings of The Seventh International Symposium on River Sedimentation ,Hong Kong,1998.

[14] 刘继祥,安新代,安催花.水库运用方式研究与实践[M].北京:中国水利水电出版社,郑州:黄河水利出版社,2008.

[15] 李国英.基于空间尺度的黄河调水调沙[J].中国水利,2004(3):15-19.

[16] 胡春宏,陈建国,郭庆超,等.黄河水沙过程调控与下游河道中水河槽塑造[M].北京:科学出版社,2007.

[17] 张金良.黄河水库水沙联合调度问题研究[D].天津:天津大学,2004.

[18] 涂启华,安催花,万占伟,等.论小浪底水库拦沙和调水调沙运用中的下泄水沙控制指标[J].泥沙研究,2010(8):1-5.

[19] 闫正龙,高凡,黄强,等.黄河上游梯级水库群联合调度补偿机制研究[J].人民黄河,2010,32(9):118-119.

[20] 刘继祥,万占伟,张厚军,等.黄河第三次调水调沙试验人工异重流方案设计与实施[C]//异重流问题学术研讨会文集.郑州:黄河水利出版社,2006.

[21] 李永亮,张金良,魏军.黄河中下游水库群水沙联合调控技术研究[J].南水北调与水利科技,2008,6(5):56-59.

[22] 水利部黄河水利委员会.黄河流域综合规划(2012—2030年)[M].郑州:郑州黄河水利出版社,2013.

[23] 王煜,李海荣,安催花,等.黄河水沙调控体系建设规划关键技术研究[M].郑州:黄河水利出版社,2015.

[24] 万占伟,罗秋实,闫朝晖,等.黄河调水调沙调控指标及运行模式研究[J].人民黄河,2013,35

（5）:1-4.

[25] 申冠卿,张原锋,张敏.黄河下游高效输沙洪水调控指标研究[J].人民黄河,2019,41(9):50-54.

[26] 李勇,窦身堂,谢卫明.黄河中游水库群联合调控塑造高效输沙洪水探讨[J].人民黄河,2019,41(2):20-23.

[27] 陈建国,周文浩,孙高虎.论黄河小浪底水库拦沙后期的运用及水沙调控[J].泥沙研究,2016(8):1-8.

[28] 张金良,练继建,张远生,等.黄河水沙关系协调度与骨干水库的调节作用[J].水利学报,2020(8):897-905.

[29] 刘树君,董泽亮,张荣凤.小浪底水库水沙联合调度实践及思考[J].中国防汛抗旱,2018,28(6):51-53.

[30] 汪岗,范昭.黄河水沙变化研究:第一卷[M].郑州:黄河水利出版社,2002.

[31] 汪岗,范昭.黄河水沙变化研究:第二卷[M].郑州:黄河水利出版社,2002.

[32] 张胜利,李倬,赵文林,等.黄河中游多沙粗沙区水沙变化原因及发展趋势[M].郑州:黄河水利出版社,1998.

[33] 左大康.黄河流域环境演变与水沙运行规律研究文集:第一集[M].北京:地质出版社,1991.

[34] 叶青超,吴祥定,杨勤业,等.黄河流域环境演变与水沙运行规律研究[M].济南:山东科学技术出版社,1994.

[35] 姚文艺,徐建华,冉大川,等.黄河流域水沙变化情势分析与评价[M].郑州:黄河水利出版社,2011.

[36] 刘晓燕,等.黄河近年来水沙锐减成因[M].北京:科学出版社,2016.

[37] 吴默溪,鲁俊,负元璐.黄河小北干流放淤试验工程泥沙处置效果分析[J].泥沙研究,2019,44(4):18-24.

[38] 谢鉴衡.河床演变及整治[M].北京:中国水利水电出版社,1997.

[39] 陈翠霞,安催花,罗秋实,等.黄河水沙调控现状与效果[J].泥沙研究,2019(2):69-74.

[40] 安催花,鲁俊,钱裕,等.黄河宁蒙河段冲淤时空分布特征与淤积原因[J].水利学报,2018(2):195-206,215.

[41] 鲁俊,安催花,吴晓杨.黄河宁蒙河段水沙变化特性与成因研究[J].泥沙研究,2018(6):40-46.

[42] Jun Lu,Cuihua An, Qiushi Luo,et al. Estimation of aeolian sand into the Yellow River from desert aggrading river in the upper reaches of the Yellow River[C]. E-proceedings of the 38th IAHR World Congress,2019.

[43] Cuihua An, Jun Lu, Yu Qian,et al. The scour-deposition characteristics of sediment fractions in desert aggrading rivers-taking the upper reaches of the Yellow River as an example[J]. Quaternary International. 2019,523:54-66.

[44] 万占伟,陈翠霞,段文龙.黄河下游河床可能最大冲刷深度分析[J].泥沙研究,2019,44(1):8-15.

[45] Lane E W. Retrogression of levels in river beds below dams [J]. Engineering News-record, 1934 (4):34-45.

[46] Harrison A S. Report on special investigation of bed sediment segregation in a degrading bed [R]. University of California,1950(9):132-147.

[47] 钱宁.黄河下游河床的粗化问题[J].泥沙研究,1959(1):16-23.

[48] 尹学良.清水冲刷河床粗化研究[J].水利学报,1963(1):15-25.

[49] 韩其为.床沙粗化[C]//第二次河流泥沙国际学术讨论会论文集.北京:水利电力出版社,1983.

[50] Jinliang Zhang,Jian Fu,Cuixia Chen. Current situation and operation effects of the reservoirs in the mid-

dle Yellow River[C]. E-proceedings of the 38th IAHR World Congress,2019.

[51] 李国英.维持黄河健康生命[M].郑州:黄河水利出版社,2005.

[52] 李国英,盛连喜.黄河调水调沙的模式及其效果[J].中国科学,2011(6):826-832.

[53] 李国英.黄河调水调沙关键技术[J].前沿科学,2012(1):17-21.

[54] 李国英.黄河中下游水沙的时空调度理论与实践[J].水利学报,2004(8):1-7.

[55] 黄河防汛抗旱总指挥部办公室.2011年黄河调水调沙[R].郑州:黄河防汛抗旱总指挥部办公室,2011.

[56] 张金良,魏向阳,柴成果,等.黄河2007年汛前调水调沙生产运行分析[J].人民黄河,2007(10):22-26.

[57] 魏军,任伟,杨会颖,等.2018年汛期黄河水沙调度实践[J].人民黄河,2019,41(5):1-4.

[58] 黄河水利委员会.小浪底水库拦沙初期运用分析评估报告[R].郑州:黄河水利委员会,2007.

[59] 万占伟,安催花,闫朝晖.小浪底水库对下游河道的冲刷效果及趋势预测[J].人民黄河,2012,34(5):6-8.

[60] 陈建国,周文浩,陈强.小浪底水库运用十年黄河下游河道的再造床[J].水利学报,2012(2):127-135.

[61] 胡春宏,陈建国,郭庆超.黄河水沙过程调控与下游河道中水河槽塑造[J].天津大学学报,2008(9):1035-1040.

[62] 韩其为.黄河调水调沙的巨大潜力[J].人民黄河,2009(6):1-6.

[63] 韩其为.黄河调水调沙的效益[J].人民黄河,2009(5):6-10.

[64] 韩其为.论黄河调水调沙[J].天津大学学报,2008(9):1015-1026.

[65] 徐国宾,张金良,练继建.黄河调水调沙对下游河道的影响分析[J].水科学进展,2005(7):518-523.

[66] 张金良.黄河调水调沙实践[J].天津大学学报,2008(9):1046-1051.

[67] 安催花,万占伟,张建,等.黄河水沙情势演变//[C]张楚汉、王光谦主编.水利科学与工程前沿(上)[M].科学出版社,2017:208-223.

[68] 胡春宏.黄河水沙变化与治理方略研究[J].水力发电学报,2016(10):1-10.

[69] 胡春宏,张晓明.论黄河水沙变化趋势预测研究的若干问题[J].水利学报,2017(9):1028-1039.

[70] 胡春宏,陈建国.江河水沙变化与治理的新探索[J].水利水电技术,2014(1):11-15.

[71] 黄河勘测规划设计有限公司.RSS河流数值模拟系统软件产品鉴定测试报告[R].郑州:黄河勘测规划设计有限公司,2013.